Hugo Mauricio Jiménez M.
Silvia Rosy Gómez D.

Manual de Práticas Laboratoriais em Biotecnologia

Hugo Mauricio Jiménez M.
Silvia Rosy Gómez D.

Manual de Práticas Laboratoriais em Biotecnologia

Biotecnologia Industrial, Biotecnologia Ambiental e Guias de Laboratório de Biologia Molecular

ScienciaScripts

Imprint

Any brand names and product names mentioned in this book are subject to trademark, brand or patent protection and are trademarks or registered trademarks of their respective holders. The use of brand names, product names, common names, trade names, product descriptions etc. even without a particular marking in this work is in no way to be construed to mean that such names may be regarded as unrestricted in respect of trademark and brand protection legislation and could thus be used by anyone.

Cover image: www.ingimage.com

Este livro é uma tradução do original publicado sob ISBN 978-620-2-81400-3.

Publisher:
Sciencia Scripts
is a trademark of
International Book Market Service Ltd., member of OmniScriptum Publishing Group
17 Meldrum Street, Beau Bassin 71504, Mauritius
Printed at: see last page
ISBN: 978-620-3-16280-6

Manual de Práticas Laboratoriais em Biotecnologia.

Por:

Prof. Hugo Mauricio Jiménez M.
Microbiólogo, M. Se.

Prof. Silvia Rosy Gómez D.
Bacteriologista, M. Se.

Novembro de 2020.

Conteúdo

Apresentação

A microbiologia como uma ciência multidisciplinar recente que integra avanços biotecnológicos em áreas de estudo como a medicina, ambiente e indústria, permitiu o desenvolvimento de vários produtos microbiológicos de interesse biotecnológico de aplicação como controlo biológico, biorremediação e produção em larga escala de antibióticos, vacinas, medicamentos anti-cancerígenos, enzimas, bioinseticidas e biofertilizantes, entre outros.

É importante compreender a biotecnologia do ponto de vista biológico, ambiental e industrial, o que contribuiria para o desenvolvimento de uma capacidade científica nos estudantes de ciências biológicas.

Do mesmo modo, no nosso planeta Terra existe uma grande biodiversidade; estima-se que 15 milhões de espécies foram taxonomicamente classificadas nos principais grupos: vírus, arquebactérias, bactérias, fungos, protozoários, algas, plantas, nemátodos, moluscos, crustáceos, insectos, aracnídeos, aves, anfíbios, répteis, peixes e mamíferos.

Na Colômbia um país mega-diverso devido à sua variabilidade de ecossistemas, clima, solo e tendo os oceanos Atlântico e Pacífico nas suas costas, tem uma grande diversidade de aves, borboletas, orquídeas, plantas, répteis, anfíbios e primatas, e sobre a diversidade microbiana é muito pouco conhecida, por esta razão é importante realizar estudos que conduzam ao conhecimento desta diversidade, uma vez que seria a aplicação de microrganismos tais como bactérias e microfungos para fins biotecnológicos.

A bioprospecção é definida como a busca de organismos como as arqueobactérias, bactérias, fungos, algas, plantas e animais de benefício para a humanidade do ponto de vista Médico, Ambiental ou Agronómico.

Com o desenvolvimento destes Guias Práticos de Laboratório de Biotecnologia apresentados neste Manual, os estudantes poderão integrar outras áreas de conhecimento, tais como microbiologia industrial e ambiental, morfologia e fisiologia microbiana, biologia molecular, bioquímica, biofísica, entre outras, e também adquirirão competências e capacidades na manipulação de instrumentos e equipamentos de laboratório e na manipulação de microrganismos tais como bactérias e microfungos, e também desenvolver competências cognitivas através da metodologia da aprendizagem - fazer, e gerar estratégias de ensino para o estudo da fisiologia e biologia das bactérias e microfungos, o que encorajará a aprendizagem atitudinal e científica orientada para a investigação em Biotecnologia, Microbiologia Industrial, Microbiologia Ambiental, e Biologia Molecular.
Este tipo de aprendizagem cognitiva e atitudinal gera nos estudantes competências de investigação e uma atitude positiva, o que permite um desenvolvimento intelectual, científico e ético; este tipo de ensino em investigação formativa integral nos estudantes será de grande contribuição na sua vida profissional futura.

Este Manual de Prática Laboratorial de Biotecnologia contém 10 Guias Práticos concebidos a partir das experiências profissionais dos autores e da aplicação de bactérias e microfungos e são fáceis de realizar com os reagentes e equipamento de um laboratório de biologia básica.

Estes 10 Guias Práticos de Laboratório servem como formação científica para estudantes e profissionais das Ciências Biológicas, bem como motivação para a concepção, desenvolvimento e implementação de projectos de investigação em Biotecnologia.

Esperamos que este Manual de Práticas Laboratoriais de Biotecnologia seja do seu agrado e muito útil no seu trabalho de investigação.

Hugo Mauricio Jimenez M.

Introdução

Existem muitas definições de biotecnologia, e uma delas é a da Convenção sobre Diversidade Biológica (Nações Unidas, 1992), que indica que é *"qualquer aplicação tecnológica que utilize sistemas biológicos e organismos vivos ou seus derivados para criar ou modificar produtos ou processos para usos específicos"*, que se chama "Biotecnologia Moderna", mas aquelas que são realizadas há milhares de anos, como os processos de fermentação por microrganismos para a produção de alimentos como cerveja, vinho, pão, queijo e iogurte, entre outros, que estão agrupadas na "Biotecnologia Tradicional" (Occelli, 2013).

Como se pode ver, desde o seu início, a biotecnologia tem estado presente ao longo da história da humanidade com impacto social, ambiental e económico, e é ainda um elemento constitutivo da cultura do século XXI. Na Colômbia, o Programa Nacional de Biotecnologia contribui para o *"aumento do desenvolvimento, bem-estar e competitividade económica com base no conhecimento, protecção e utilização de* (Minciencias),
2020).

Portanto, cada organismo tem um potencial biotecnológico com influência nos campos agrícola, ambiental, médico e industrial, entre outros. Além disso, a biotecnologia como ciência multidisciplinar contribui para a apreensão de conteúdos disciplinares actualizados relacionados com a biodiversidade, bem como para o reforço e desenvolvimento de competências científicas, atitudinais, processuais, avaliativas e metacognitivas.

O objectivo do "Manual de Práticas Laboratoriais em Biotecnologia" é criar uma cultura de investigação em Biotecnologia, mostrando metodologias fáceis de executar utilizando bactérias e microfungos. Contém 10 Guias Práticos de Laboratório que são compostos por: introdução, objectivos, materiais e reagentes, metodologia, questionário e bibliografia.

Acreditamos que este material não só contribuirá para a formação científica de estudantes e profissionais, mas também para a motivação para a concepção, desenvolvimento e implementação de projectos de investigação em várias áreas da Biotecnologia.

Na área da Biotecnologia Industrial, os Guias Práticos de Laboratório: Produção de Ácido *Acético por Acetobacter* sp e bactérias *Gluconobacter* sp, Fermentação Ácido-Láctica: Produção de Iogurte e Fermentação Alcoólica: Produção de Vinho, Rastreio *In Vitro* das Celulases de *Penicillium aurantiogriseum,* Testes de Produção de Amilase *In Vitro* com *Aspergillus fumigatus,* permitirão ao leitor conhecer, aprender e aplicar microrganismos de interesse na fermentação e produção de enzimas.
Em Biotecnologia Ambiental os Guias Práticos de Laboratório: Bioensaios de Biodegradação de Óleo Cru com *Pseudomonas fluorescens,* Potencial Antagónico de *Trichoderma harzianum,* Biofertilizantes para a Melhoria do Crescimento e Desenvolvimento da Soja, estimularão o leitor a conhecer e aprender sobre tópicos relacionados com Bioremediação, Controlo Biológico e Biofertilizantes.
Em Biologia Molecular os Guias Práticos de Laboratório: Extracção de ADN nuclear de *Saccharomyces cerevisiae* e Extracção de ADN plasmídeo de *Pseudomonas fluorescens*

permitirão ao leitor aprender sobre técnicas de extracção de ADN de microrganismos.

Portanto, o nosso principal objectivo deste Manual de Práticas Laboratoriais de Biotecnologia é criar uma cultura de investigação em Biotecnologia, mostrando metodologias através da aplicação de bactérias e microfungos, que são fáceis de realizar e podem ser levados a diferentes áreas de investigação.

Bibliografia

Mincies. Programa Nacional de Biotecnologia de Colciencias. 2020 http://www.colciencias.gov.co/node/1133

Nações Unidas. 1992. *Convenção sobre a Diversidade Biológica.* Rio de Janeiro-Brasil: Nações Unidas. Disponível em: http://www.cbd.int/convention/articles/?a=cbd-02

Occelli, M. 2013. Ensino da biotecnologia nas escolas: contribuições e reflexões didácticas. Jornal do Boletim Biológico n° 27 - ano 7 P. 9-13.

Produção de Ácido *Acético* por *Acetobacteria* sp e *Gluconobacter* sp.

Por: Hugo Mauricio Jimenez M.

Introdução

O ácido acético, também chamado ácido etanóico ou ácido metilenocarboxílico, é um ácido orgânico com dois átomos de carbono, e pode ser encontrado sob a forma de ião acetato. A sua fórmula é CH3-COOH (C2H4O2), e é o grupo carboxilo que dá à molécula as suas propriedades ácidas. Este é um ácido encontrado no vinagre, que produz o seu sabor e cheiro azedos (Speight, James G. 2002).

O ácido acético é produzido pela fermentação de vários substratos, tais como solução de amido, soluções de açúcar, ou produtos alimentares alcoólicos, tais como vinho ou cidra, por meio de bactérias acéticas. Este ácido acético é obtido por síntese e por fermentação bacteriana, e fornece 10 % da produção mundial. Os 75% obtidos na indústria química são preparados por carbonatação do metanol (Speight, James G. 2002).

Estas bactérias são grandes produtores de ácido acético e acetaldeído, aumentando a acidez volátil do vinho e necessitam de oxigénio para crescer; os processos que oxigenam o vinho favorecem o crescimento e metabolismo destas bactérias (Hernández, I & f. Barbero 2008).

As bactérias do ácido acético realizam a acetificação dos produtos fermentados através da sua capacidade de oxidar o álcool ao ácido acético. Estas bactérias são importantes na indústria do vinho porque podem alterar as características organolépticas e a qualidade do vinho através da oxidação do álcool etílico em ácido acético.

As bactérias do ácido acético (BAA) pertencem à família *Acetobacteriaceae;* estão incluídas no grupo das a-Proteobactérias. São microorganismos Gram-negativos, elipsoidais ou cilíndricos que podem ser encontrados isolados, em pares ou formando cadeias. São móveis por flagelação polar ou pertrica. Apresentam actividade catalítica positiva, oxidase negativa e não formam endosporos. Utilizam oxigénio como o aceitador final de electrões, pelo que têm um metabolismo aeróbico rigoroso, com oxigénio como o aceitador final de electrões (Gerard, L. 2015).
A oxidação do etanol em ácido acético é a característica mais conhecida das bactérias do ácido acético. Este processo bioquímico consiste em duas fases: na primeira, o etanol é transformado em acetaldeído pela enzima álcool desidrogenase (ADH) e posteriormente, o acetaldeído é transformado em ácido acético pela enzima acetaldeído desidrogenase (ALDH) (Gerard, L. 2015).

Algumas bactérias podem produzir altas concentrações de ácido acético, até 50g/L (Gerard, L. 2015), esta característica é muito importante para a indústria do vinagre.

Os géneros de bactérias do ácido *acético* tais como *Acetobacter, Gluconobacter e Gluconacetobacter* podem ser utilizados para o desenvolvimento de uma cultura de oxidação de mostos alcoólicos obtidos a partir de frutos, a fim de obter ácido acético (Gerard, L. 2015). A nível industrial, as bactérias do ácido acético têm uma importância industrial na produção de vinagre (ácido acético).

A transformação do sumo de ananás em ácido acético, é um processo biotecnológico que ocorre através de duas fermentações sucessivas; alcoólica e acética.

Na fermentação alcoólica, a levedura Saccharomyces *cerevisiae* transforma a sacarose em etanol, um processo anaeróbio que é mais eficiente devido às características bioquímicas do ananás. Depois, as bactérias *Acetobacter* sp e *Gluconobacter* sp oxidam o etanol e produzem ácido acético, através de um processo aeróbico.

Segundo a General Microbiology, 2008-2009, citado por Bernal, C & L. Cortes, 2010) outros métodos de produção de ácido acético são:

Método Orleans: é realizado enchendo um quarto de barril de madeira utilizado para a maturação do vinho com vinagre fresco obtido por fermentação de *Acetobacter* sp e *Gluconobacter* sp que fornece um inóculo fresco, depois adiciona-se a bebida alcoólica fermentada, deixa-se o recipiente aberto para que haja uma troca de oxigénio, o processo demora várias semanas e a eficiência depende da disponibilidade de oxigénio.

Método de borbulhar: Este é um processo de fermentação submersa em que o oxigénio é fornecido por um processo de borbulhar de ar. A velocidade da adição de etanol é regulada para permitir uma conversão eficiente em vinagre, atingindo uma produção de 98%.

Algumas aplicações de ácido acético de acordo com www.ecured.cu/Acido_acetico são:

- Usado como um condimento
- É utilizado no fabrico de ésteres ou essências.
- Fixador de cor
- Solvente
- Matéria-prima na obtenção de acetona, acetatos, aspirina e outros derivados
- Na apicultura é utilizado para controlar as larvas e os ovos das traças de cera.
- Produção de acetato de sódio e como agente de extracção de antibióticos.
- Como um bactericida.
- Neutralizante e em processos de tingimento na indústria têxtil e do couro.
- Como agente acidificante e para a preparação de ésteres de fruta na indústria alimentar.
- Ingrediente inseticida.

Objectivos

- Realizar uma fermentação para produção de etanol a partir de sumo de ananás fermentado utilizando *levedura Saccharomyces cerevisiae*

- Observar a produção de etanol por *Saccharomyces cerevisiae.*

- Realizar uma Fermentação para produção de ácido acético a partir de sumo de ananás fermentado utilizando as bactérias *Acetobacter* sp e *Gluconobacter* sp

- Observar a produção de ácido acético por *Acetobacter* sp e *Gluconobacter* sp.

- Desenvolver competências no manuseamento de instrumentos de laboratório

Materiais, reagentes e equipamento.

- Levedura activa de levedura: *Saccharomyces cerevisiae.*

- Culturas puras de *Acetobacter* sp e *Gluconobacter* sp

- Destilos de água esterilizados.
- Asa
- Frascos Escuros.
- Sacarose.
- Fita de pH.
- Sumo de ananás.
- Escala.
- Bafômetro.
- cortiça ou gaze e algodão

Metodologia de

Produção de Etanol:

1. Em garrafas escuras adicionar um litro de sumo de ananás, depois adicionar 5 g de levapan activo e 10 g de sacarose, agitar bem, cobrir com cortiça (ou gaze e rolha de algodão) e deixar a uma temperatura média de 20 °C durante 7 dias.

2. Após 7 dias, colocar os 1000 mL da cultura num tubo de ensaio de 1000 mL e medir a percentagem de etanol com um alcoómetro. Se a produção de etanol for baixa, deixar mais 7 dias e medir novamente a percentagem de etanol.

3. Cada vez que executar a etapa 2, faça a respectiva degustação, bouquet e textura do licor.

Produção de Ácido Acético:

1. Nas garrafas escuras de um litro onde foi realizada a fermentação alcoólica (produção de etanol), adicionar 10 mL de inóculo* das bactérias *Acetobacter* sp e *Gluconobacter* sp, agitar bem, cobrir com cortiça (ou gaze e rolha de algodão) e deixar a uma temperatura média de 20 °C durante 7 dias.

*Este inóculo é obtido pela adição de 5 mL de água destilada estéril em culturas frescas de *Acetobacter* sp e *Gluconobacter* sp, respectivamente, em tubos de ensaio inclinados com Agar Nutricional libertando com cabo redondo.

2. Após os 7 dias, colocar a medição de pH com uma fita de pH, e reportar o resultado.

3. Efectuar a respectiva prova, se tiver sabor a vinagre, o resultado é positivo.

Questionário

1. Explicar a via metabólica da produção de etanol através da glicólise.

2. Explicar a via metabólica da oxidação do etanol para a produção de ácido acético.

3. Este bioprocesso é para a produção de ácido acético em grande ou pequena escala? Explicar porquê.

4. Como é que uma escala de Bioprocessos aumentaria para a produção de ácido acético?

5. Ver o nome científico de 10 bactérias relacionadas com a produção de ácido acético.

Bibliografia

- Cindy Bernal, Lina Cortes, 2010.
Isolamento, Caracterização e Conservação do Ácido - Bactérias Acéticas a partir de produtos fermentados tradicionais. Trabalho de classificação. Departamento de Biologia - UPN. Colômbia.

- Cindy Bernal, Lina Cortes, Hugo Mauricio Jimenez M. 2011.
Isolamento, Caracterização e Conservação de Ácidos - Bactérias Acéticas de produtos tradicionais fermentados como ferramenta pedagógica.
BIO - GRÁFICOS. Vol 4, No. 7-2011., pp. 108-111. ISSN 2027 - 1034.

- Gerard, L. 2015. Caracterização de bactérias ácidas acéticas para a produção de vinagres de fruta. Tese de Doutoramento Universidade Nacional de Entre Rios e Universidade Politécnica de Valência. Disponível em:
https://riunet.upv.es/bitstream/handle/10251/59401/GERARD Data de revisão: 06/03/2019.

- Hernández, I & f. Barbero, 2008. Bactérias do ácido acético: técnicas de detecção e eliminação.
Disponível em: http://www.guserbiot.com/pdf/Guserbiot Viticultura Bacterias Aceticas.pdf
Data de revisão: 07/03/2019.

- Microbiologia geral. 2008 - 2009. Genetics and Microbiology Research Group: http://www.unavarra.es/genmic/hall/docencia.htm, citado por Cindy Bernal, Lina Cortes, 2010.

- Discurso, James G. 2002. Manual de Processo Químico e Design. McGraw-Hill Citado em: Acetic Acid: Disponível em: www.ecured.cu/Acido_acetico Data revista: 05/03/2019.

Fermentação ácido-láctica: Produção de iogurte

Por: Hugo Mauricio Jimenez M.

Introdução

O iogurte é um alimento muito antigo. Os primeiros vestígios da sua existência datam entre 10.000 e 5.000 a.C., no período Neolítico.

A origem do iogurte está localizada na Turquia, embora haja também quem o localize na Península dos Balcãs, Bulgária ou Ásia Central. O seu nome vem de um termo búlgaro, iaurt. Acredita-se que o seu consumo é anterior ao início da agricultura.

Os povos nómadas transportavam o leite fresco que obtinham dos animais em sacos, geralmente feitos de pele de cabra. O calor e o contacto do leite com a pele da cabra favoreceram a multiplicação das bactérias ácidas que fermentavam o leite. O leite tornou-se uma massa semi-sólida e coagulada. Uma vez consumida a fermentação láctica contida naqueles sacos, estes foram enchidos de novo com leite fresco que foi novamente transformado em leite fermentado pelos resíduos que ficaram.

O iogurte tornou-se o alimento básico dos povos nómadas devido à sua facilidade de transporte e conservação. As suas virtudes saudáveis já eram conhecidas na antiguidade.

O iogurte é uma forma de leite ácido modificado, pois a sua preparação pode ser baseada não só no leite de vaca, mas também no leite de cabra e ovelha, inteiro, parcial ou totalmente desnatado, previamente fervido ou pasteurizado.

O tipo de leite utilizado para a sua preparação depende do local onde é fabricado e consumido. Na América Central, do Norte e do Sul, bem como na Europa Ocidental, a preferência e a produção baseia-se no leite de vaca; na Turquia e na Europa Oriental no leite de cabra e no Egipto e na Índia no leite de búfala.

Hoje em dia, o iogurte é amplamente reconhecido como um alimento saudável. Os fabricantes responderam ao crescimento do consumo de iogurte introduzindo muitos tipos diferentes de iogurte, incluindo iogurte com baixo teor de gordura e 0%, cremoso, líquido para beber, orgânico, bebé, fruta e gelado. Os ingredientes básicos e o seu fabrico são praticamente semelhantes:

- Em primeiro lugar, o leite cru é transportado da quinta para a fábrica, onde será processado.
- Quando o leite chega à fábrica, a sua composição é alterada antes de ser utilizado para fazer iogurte. O leite é então normalizado em termos de extracto seco, pasteurizado (a 80 °C) e homogeneizado.
- Uma vez concluídos os processos de pasteurização e homogeneização, o leite deve ser arrefecido a 43-46 °C e a cultura de fermentação adicionada a uma concentração de cerca de 2 %. As culturas são compostas por duas bactérias ácidas lácticas: *Streptococcus thermophilus e Lactobacillus delbrueckii subsp. bulgaricus, e Lactococcus lactis.* Estas bactérias fermentam a sua consistência, sabor, aroma e benefícios para a saúde, assim como facilitam a digestão.
- Após arrefecimento, fruta, açúcar e outros ingredientes podem ser adicionados

para obter uma grande variedade de produtos, e depois o iogurte é embalado.

- Finalmente, o produto é arrefecido e armazenado a temperaturas frigoríficas (4 °C) para conservação.

Tipos de iogurte:

- No iogurte batido, o leite é fermentado num tanque de fermentação com um revestimento. Após a fermentação, o conteúdo é misturado, e são adicionados frutos e aromas. É então permitida a refrigeração e os produtos são embalados e armazenados a temperaturas de refrigeração.
- No iogurte firme, também conhecido como estilo francês, o leite é inoculado com fermentos e outros ingredientes (preparação de fruta, açúcar, aromas) são adicionados antes da embalagem. O processo de fermentação tem lugar nos recipientes durante o período de incubação, uma vez que o produto tenha sido arrefecido e armazenado a temperaturas frigoríficas.
- O iogurte líquido é um iogurte batido com um baixo teor total de sólidos e é submetido a um processo de homogeneização para reduzir a sua viscosidade. Posteriormente, podem ser adicionados ingredientes adoçantes, aromatizantes ou corantes e, finalmente, o produto é embalado em garrafas.

Durante a fermentação láctica (produção de iogurte), o açúcar do leite (lactose) é primeiro transformado em açúcares simples, especificamente glucose e galactose, e depois convertido em ácido láctico, o que proporciona uma acidez (pH 4,5), que precipita as proteínas (caseínas) e concentra o leite, o que dá ao iogurte a sua textura especial, criando assim a textura específica do iogurte, além disso, a fermentação láctica produz peptídeos, aminoácidos que dão ao iogurte o seu sabor característico.

A composição nutritiva do iogurte baseia-se na composição nutritiva do leite do qual é derivado. A composição final é determinada pela fonte e tipo de sólidos lácteos adicionados antes da fermentação, a fermentação láctica e estirpes de bactérias utilizadas na fermentação, a temperatura, a duração do processo de fermentação, o tempo de armazenamento, e os ingredientes (tais como fruta) que podem ser adicionados ao iogurte.

13

Benefícios do Iogurte: é uma fonte de proteínas e gordura láctea, devido ao processo de fermentação bacteriana, a lactose também é fermentada, o que significa que as pessoas intolerantes à lactose podem consumir iogurte. Além disso, é rico em cálcio e algumas vitaminas do complexo B. É também benéfico para o sistema imunitário, porque ajuda a combater a infecção e diminui os efeitos negativos dos antibióticos. Além disso, estabiliza a flora intestinal e todos os microrganismos do sistema digestivo. Promove a absorção de gorduras, pelo que é um aliado contra o excesso de peso, é bom para a pele e combate a diarreia e a obstipação, bem como facilita a assimilação de nutrientes e reduz o colesterol.

Objectivos

- Efectuar uma fermentação ácido-láctica a partir do leite utilizando uma cultura de *Lactobacillus bulgaricus, Lactococcus lactis,* e *Streptococcus thermophilus.*

- Obter a capacidade de analisar uma Fermentação Láctica.

- Desenvolver competências no manuseamento de instrumentos de laboratório

- Potencializar as capacidades cognitivas.

Materiais, reagentes e equipamento.

- 1 Litro de leite.
- Termómetro.
- Leite em pó.
- Uma grande colher.
- Iogurte sem rebuçados (cultura).
- Fruta ou compota.
- Copos de plástico.
- Frigorífico.

Processo Geral de Produção de Iogurte:

1. Selecção do leite: o leite deve ser rico em proteínas.

2. Pasteurização: o objectivo é concentrar as proteínas do soro, a temperatura ideal é de 88 °C a 95 °C durante 5 a 10 minutos.

3. Concentração: o leite em pó é adicionado, este é dissolvido em leite quente e depois o iogurte é adicionado.

4. Cultura: composta por bactérias ácido-lácticas: *Lactobacillus bulgaricus* e *Lactococcus lactis*. A cultura é incubada durante 2 horas a 44 °C.

5. Semeadura: após pasteurização, o leite é arrefecido e a cultura é semeada na proporção de 3%, agitando bem.

6. Embalagem: é semeada em copos de plástico e coberta com vinipel.

7. Incubação: é incubada a uma temperatura de 42 °C.

8. Preparação do iogurte: frutos ou compotas são adicionados após a incubação.

9. Conservação: deixar no frigorífico a 4 °C.

Metodologia

1. Ferver 1 litro de leite e arrefecer até 60°C.

2. Adicionar 3 colheres de sopa de leite em pó, misturar e arrefecer a 42 °C.

3. Adicionar 3 colheres de sopa de iogurte simples (cultura *Lactobacillus bulgaricus* e *Lactococcus lactis*) e misturar.

4. Adicionar fruta ou compota.

5. Servir em garrafas de plástico.

6. Incubar a 44 °C durante 4 horas.

7. Refrigerar a 4 °C.

8. Sabor, 12 horas após a refrigeração.

Questionário

1. Explicar a via metabólica da produção de ácido láctico através da glicólise.

2. Ver o nome científico de 3 outras bactérias utilizadas na produção de iogurte.

3. Como faria uma escala de Bioprocessos para a produção de iogurte industrial?
4. Consultar empresas dedicadas à produção de iogurte na Colômbia.

Bibliografia

- Lozada, k. 2000. Guias de Laboratório de Microbiologia Industrial. Universidade dos Andes. Faculdade de Ciências. Departamento de Ciências Biológicas. Colômbia.

Cibergrafia

- O que é iogurte, disponível em: https://ww-w.yogurtinnutrition.com/es/que-es-el-yogur-FAQs/ Data de Revisão: 12/03/2019.

- O iogurte, disponível em: https://www.zonadiet.com/bebidas/yogurt.htm Data de revisão: 12/03/2019.

- Iogurte, disponível em https://es.wikipedia.Org/wiki/Yogur#cite_note-monografia-7. Data de revisão: 12/03/2019.

- Iogurte natural, disponível em https://biotrendies.com/lacteos/yogur-natural. Revisão: 12/03/2019.

Fermentação Alcoólica: Produção de vinho.

Por: Hugo Mauricio Jimenez M.

Introdução

História

O cultivo da vinha (*Vitis vinifera sylvestris*) e a produção de bebidas a partir de uvas (sob a forma de sumos com adição de açúcares) já foram realizados cerca de 6.000 e 5.000 a.C., mas só na Idade do Bronze (3.000 a.C.) é que se estima que o verdadeiro nascimento do vinho tenha tido lugar. Arqueólogos encontraram pistas que estabelecem a origem da primeira colheita de vinho na Suméria, nas terras férteis do Tigre e do Eufrates na antiga Mesopotâmia.

Da Suméria chegou ao Egipto, onde rivalizaria com a cerveja que era fabricada no antigo Egipto (3.000 a.C.). As margens do Nilo eram terras de cultivo da vinha e em volume para estas plantas, desenvolveu-se toda uma actividade laboral e industrial. Os egípcios fermentaram o mosto em grandes recipientes de barro e produziram vinho tinto. O vinho tornou-se um símbolo de estatuto social e foi utilizado em ritos religiosos e festividades pagãs. Os faraós foram enterrados com recipientes de barro contendo vinho e foram encontradas gravuras nas pirâmides que simbolizam o cultivo da vinha, a colheita, a produção e a fruição do vinho em festivais e eventos religiosos.

A adaptabilidade da videira (*Vitis vinifera)* favoreceu a sua expansão por toda a Europa Ocidental através de rotas comerciais, chegando até à China. Acredita-se que a videira chegou à Península Ibérica antes dos Fenícios por volta de 3000 a.C.

Em 700 a.C., o vinho chega no seu processo de expansão para a Grécia clássica. Os gregos bebiam vinho em ritos religiosos, funerais e festas populares. Também atribuíram uma divindade ao vinho: Dyonysos, que é sempre representado com um copo na mão. Os gregos criaram recipientes de diferentes tamanhos para o armazenamento de vinho: grandes *ânforas,* que foram seladas com resina de pinheiro; *crateras de* tamanho médio; e pequenas *aoinojé* e *ritões.*

Produção de vinho:

O tipo de vinho é principalmente determinado pela variedade de uva, os seus metabolitos secundários são a fonte do aroma, cor e sabor do vinho. A sua concentração depende do variedade, o microclima e a planta da uva. A videira requer uma nutrição com baixo teor de azoto. Um excesso de fertilizantes azotados pode ser negativo para os componentes gustativos do vinho (Wyss, G & Bon van Elzakker, 2005).

De acordo com o Campus Internacional do Vinho, as partes do processo de produção do vinho são

-Vindima: é a colheita da uva, por exemplo, em Espanha é feita entre os meses de Setembro e Outubro. Além disso, quando as uvas são colhidas, devem apresentar um estado de maturação adequado, de modo a extrair delas a melhor qualidade.

- **Desengace:** neste processo as uvas são separadas do resto do cacho, com o objectivo de separar as uvas dos ramos e/ou folhas porque proporcionam sabores e aromas que são amargos para a produção de vinho.

- **Trituração:** as uvas são passadas por uma máquina de pisar para quebrar a casca da uva, chamada *pele,* para que o sumo seja extraído para facilitar o passo seguinte, mas não deve ser esmagado demasiado para evitar quebrar as sementes das uvas, o que traria amargura ao vinho.

- **Maceração e fermentação:** O sumo que é extraído é mantido a uma temperatura controlada durante alguns dias, permitindo que fermente e assim adquira a cor necessária. Nestes tanques e através das suas próprias leveduras, o processo de fermentação alcoólica começa quando o açúcar das uvas acaba por ser transformado em álcool etílico. Este processo dura, dependendo do tipo de vinho e deve ter lugar a temperaturas não superiores a 29°C.

- **Prensagem:** como o produto sólido da fermentação ainda contém grandes quantidades de vinho após a *devastação* (acção que consiste em separar o vinho das partes sólidas da uva), é prensado para extrair o líquido.

- **Fermentação maloláctica:** o vinho obtido durante as etapas anteriores é submetido a um novo processo de fermentação. Este processo reduz a acidez do vinho e torna-o muito mais agradável de beber.

- Envelhecimento: **o** processo de maturação, envelhecimento ou envelhecimento é um dos pontos mais importantes na elaboração de um vinho. Neste processo, o vinho é introduzido em barris para que adquira características aromáticas que possam ser distinguidas durante a prova. Nos barris, o vinho evolui e desenvolve-se. Enquanto o vinho amadurece nos barris, são realizadas duas tarefas adicionais para eliminar impurezas e sedimentos, tais como a *trasfega e a* clarificação.

- **Engarrafamento:** o vinho evolui e assimila o oxigénio introduzido na garrafa.
A **fermentação alcoólica** é o processo pelo qual uma levedura, neste caso *Saccharomyces cerevisiae,* produz etanol a partir de uma fonte de carbono, sendo a glucose, frutose e sacarose as mais utilizadas, em condições de baixa oxigenação, temperatura média de 20 °C e sem luz (Jimenez, H. 2013).

As bebidas alcoólicas podem ser produzidas a partir de diferentes substratos, tais como os sumos de diferentes frutos enriquecidos com sacarose através de um processo de fermentação em pequena escala. Durante o processo, o tempo deve ser padronizado, uma vez que durante longos períodos o etanol se converte em ácido acético produzindo acidez e danificando a textura e sabor do licor (Jimenez, H. 2013).

A levedura *Saccharomyces cerevisiae* é geralmente osmófila, ou seja, resiste a altas concentrações de açúcar e é tolerante a altas concentrações de etanol, cerca de 20 %.

Precisamente, uma das limitações do Bioprocesso é a alta concentração de etanol. Hoje em dia, ao melhorar as estirpes, estão a ser obtidas leveduras que resistem a concentrações de etanol superiores a 20%. Outra limitação é o pH, valores inferiores a 3,5 diminuem a produção de etanol, pelo que é importante não utilizar frutas ácidas nestes processos. A alta concentração de açúcares diminui a eficiência da fermentação, a aeração aumenta a respiração das células de levedura e desvia o processo de produção de etanol para o crescimento vegetativo não-fermentativo.

Os biocombustíveis líquidos como o bioetanol, que é um derivado principal da fermentação da cana de açúcar, são geralmente considerados uma solução sustentável para os problemas energéticos e ambientais (Jie et al, 2012).

Em Bioprocessos para a produção de bioetanol, a escalada começa com a fermentação por lotes e depois é alimentada com a fermentação por lotes, e depois é levada para a Instalação Piloto e uma vez normalizada é levada para a fermentação comercial (500.000 litros).

Objectivos

- Realizar uma fermentação alcoólica a partir de diferentes substratos (sumos de fruta) utilizando levedura *Saccharomyces cerevisiae.*

- Obter a capacidade de analisar uma Fermentação Alcoólica.

- Desenvolver competências no manuseamento de instrumentos de laboratório
- Potencializar as competências cognitivas e científicas.

Materiais, reagentes e equipamento

- Levedura activa de levedura *(Saccharomyces cerevisicie).*
- Frascos Escuros.
- Sacarose.
- Fita de pH.
- Sumo de ananás.
- Escala.
- Bafômetro.
- cortiça ou gaze e algodão

Metodologia

1. Em frascos escuros adicionar um litro de sumo de fruta de pifia ou uva vermelha, depois adicionar 5 g de levapan activo e duas colheres de açúcar (sacarose), agitar bem, cobrir com cortiça (ou gaze e algodão) e deixar a uma temperatura média de 20 °C durante 7 dias.

2. Após 7 dias, colocar os 1000 mL da cultura num tubo de ensaio de 1000 mL e medir a percentagem de etanol com um alcoómetro. Se a produção de etanol for baixa, deixar mais 7 dias e medir novamente a percentagem de etanol.

3. Cada vez que executar a etapa 2, faça a respectiva degustação, bouquet e textura do

licor.

Questionário

1. Explicar a via metabólica da produção de etanol através da glicólise.

2. Explicar a importância do etanol.

3. Como se faria um processo à escala biológica para a produção de etanol?

4. Consultar empresas dedicadas à produção de vinho e bioetanol na Colômbia.

Bibliografia.

- Jie Sun, Fei Wen, Tong Si, Jian-He Xu e Huimin Zhao, 2012
Conversión directa de xylan a Etanol por Estirpes Minihemicelulosas
Exibindo um Saccharomyces cerevisiae Recombinante Engenhoso.
Microbiologia Aplicada e Ambiental. 78 (11): 3837 - 3845.

- Jimenez, H.M. 2013. Directrizes para Laboratórios de Biotecnologia Industrial. Diploma em Biotecnologia (I). Universidade Pedagógica Nacional. Faculdade de Ciências e Tecnologia. Departamento de Biologia. Colômbia.

Cibergrafia

- História do vinho: https://www.vinoseleccion.com/saber-de-vinos/historia-del-vino
Data de revisão: 15/03/2019.

- Wyss, G & Bon van Elzakker, 2005. Produção de uvas e vinificação. Informação "Orgânico
HACCP" Disponível em: http://orgprints.Org/4928/l/14 YINO.pdfData de revisão:
15/03/2019.

Extracção de ADN nuclear de *Saccharomyces cerevisiae*

Por: Silvia R. Gómez D.

Introdução

A levedura *Saccharomyces cerevisiae* é unicelular, de forma oval, sem flagelo, pertence ao Reino dos Fungos e é um dos principais organismos modelo para a compreensão dos processos celulares e moleculares em eucariotas. Actualmente, o seu impacto vai além da produção de alimentos e bebidas (pão, cerveja e vinho); tem sido utilizado como suplemento alimentar para gerar um aumento de peso e altura de aves, bovinos e suínos e na produção de biocombustível (Vasquez *et al* 2016).O ADN (ácido desoxirribonucleico) é o material hereditário presente em todos os seres vivos, contendo as instruções essenciais para o desenvolvimento e funcionamento de todas as formas de vida, Quimicamente, é uma molécula de dupla cadeia formada pela união de nucleótidos (uma base nitrogenada, uma pentose, e um grupo fosfato através de ligações fosfodiéster (entre um grupo hidroxil (OH) no carbono de 3' de um nucleótido e um grupo fosfato (P04=) no carbono de 5' do nucleótido que entra) sendo responsável pela cadeia de ADN e RNA. Os fios de ADN estão ligados para formar a cadeia através de pontes de hidrogénio que ligam as bases azotadas; Tiamina, Guanina, Adenina e Citosina, Ver Figura 1. Este modelo foi proposto por Watson, Crick e Wilkins, em 1953 e é conhecido como "o modelo de dupla hélice"; foi publicado na revista Nature e descreve o que é hoje conhecido como B-DNA. Estes investigadores basearam a sua proposta na investigação da difracção de raios X relatada por R. Franklin (Claros, 2003) O genoma haplóide de *S. cerevisiae* é pequeno, compacto com aproximadamente 13 392 kb (excluindo mitocôndrias, plasmídeos e vírus RNA) Mb e organizado em 16 cromossomas em tamanhos que variam entre 220 kb para o cromossoma 1 e 2352 kb para o cromossoma XII (Madigan, M., et al 2010). À primeira vista, o que mais impressiona no genoma é que 72% são genes, o que deixa muito pouco espaço para DNA não codificador e outros elementos funcionais (Dujon, B. 1996). A extracção de DNA é uma das técnicas mais antigas que têm sido realizadas no campo da biologia molecular e remonta a 1869, quando Miescher o isolou pela primeira vez do pus de ligaduras utilizadas em pacientes hospitalizados. Após um simples tratamento, descobriu que eram constituídos por um único produto químico não proteico, muito homogéneo, a que chamou nucleótido (substâncias ricas em fósforo localizadas exclusivamente no núcleo da célula) (Claros,2003

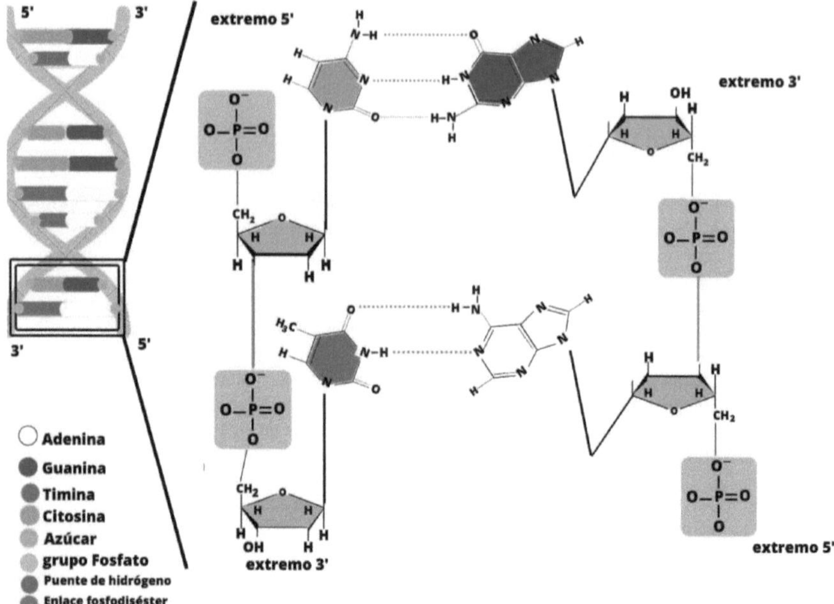

Figura 1. estrutura do ADN

Para isolar o ADN dos outros componentes celulares tais como proteínas, hidratos de carbono, lípidos e ARN, as mesmas etapas são geralmente utilizadas em todos os organismos com algumas variações nos métodos físicos (maceração, temperatura, centrifugação) e químicos (sal, detergente, enzimas, etanol, EDTA, Tris, etc.), dependendo do grau de pureza necessário para procedimentos posteriores, quantidade de ADN necessária, quantidade de amostra disponível e tipo de amostra.

Os passos são os seguintes:

1) Homogeneização e/ou concentração da amostra: com o primeiro procedimento, os tecidos são quebrados, que estão dentro de uma argamassa e de uma forma mecânica, utilizando pistilo e

Elementos tais como areia ou azoto líquido decompõem as células; e com o segundo, através da centrifugação, as células que são ressuspendidas em meio líquido são concentradas.

2) Lise celular: consiste na ruptura da membrana nuclear, célula e/ou parede celular sem a degradação dos ácidos nucleicos contidos no interior da célula. É utilizada uma solução de lise que é composta por EDTA (evita a degradação do ADN porque prende os iões de magnésio presentes), TRIS pH 8,0, (mantém o pH da solução), sal (fragmenta a célula) e detergente como CTAB, SDS, Triton X-100 ou Sarkosly (quebra a barreira lipídica ao solubilizar as proteínas e interromper a interacção lípido-lipídico, lípido-proteína e proteína-proteína, devido à sua estrutura particular).

3)   Remoção de contaminantes: É a separação dos ácidos nucleicos de outros componentes celulares (proteínas, lípidos e hidratos de carbono). Podem ser utilizadas concentrações elevadas de sais, enzimas (amaciador de carne ou k-proteínas) ou solventes orgânicos (fenol ou clorofórmio: álcool isoamílico 24:1), dependendo da qualidade do ADN a obter.

4) Precipitação de ADN: o isopropanol ou etanol frio a 96% é utilizado para este fim, o que permite a precipitação do ADN quando este se encontra na presença de sais. Ocorre devido à interacção entre as cargas positivas de sódio que foram dissociadas da solução de NaCl e as cargas negativas de ADN dadas pelos grupos fosfato. Posteriormente, os resíduos de sal são removidos com 70% de álcool frio.

Objectivos

- Realizar a extracção de DNA nuclear a partir de levedura *Saccharomyces cerevisiae* utilizando

diferentes protocolos.

- Potencializar as capacidades cognitivas, sociais e verbais.

- Desenvolver competências no manuseamento de instrumentos de laboratório
- Compreender o processo de obtenção de ADN tendo em conta os diferentes métodos físicos e químicos utilizados.

Materiais, reagentes e equipamento para o primeiro protocolo

- Levedura: *Saccharomyces cerevisiae*
Microcentrifuga - Incubadora
- Suporte de tubos de Eppendorf.
- 1,5 mL tubos Eppendorf
- Toalhas de papel.
- Micropipetas de 1000 pL
- Pontas azuis para Micropipetas
- Água esterilizada
- 70% etanol frio
- Isopropanol 100% frio

- Marcador de pontas finas para tubos
- Luvas de nitrilo
- Óculos de protecção
- Bata de laboratório
- Fósforos
- Gelo
- Acetato de potássio (KAc) 5M (pH 4,8)
- Meio de cultura líquido YPED (extracto de levedura 1%, peptona 2%, glucose 2%).
- B
anho
Rou
ge -
Micr
oscó
pio
- Folhas de deslize e de cobertura
- Solução de lise da parede celular (solução 1M de sorbitol, 0,1M EDTA,
(pH 5), com 50 Unidades (U) da enzima Beta-glucoronidase (Sigma-Aldrich)
- Solução com 50 mM Tris-HCl, 20 mM EDTA (pH 7,4)
- SDS a 10%.
- Placa agitadora
- TE (Tris-EDTA pH 7,4)

Materiais e reagentes para o segundo protocolo (artesanal)

- 1 copo de 500 my
- 2 x 50 mi tubo de falcão com tampa
- 1 argamassa com o seu pistilo
- 1 placa de aquecimento ou fogão
- Um clipe de tubo
- 5 gramas de levedura seca.
- Solução de lise (10 mi de H2O e 1 gr de barra de detergente)
- 0,8 g de sal comum
- 0,5 gr de amaciador de carne
- 30 milhões de etanol ou 96% de álcool
- Água para o copo.

Metodologia

Primeiro Protocolo: Extraído de Osorio-Cadavid, Esteban; Ramírez, Mauricio; López William Andrés e Mambuscay Luz Adriana (2009)

1. Deixar as culturas de leveduras crescerem durante 16 horas em agitação (120 rpm) ou até serem obtidos mais de 100 milhões de células/ml a 28°C, em 5 milhões de YPED (extracto de levedura 1%, peptona 2%, glucose 2%).

2. Recolher as células por centrifugação num tubo Eppendorf a 8000 rpm durante 5 minutos.

3. Descartar o sobrenadante e ressuspender em 0,5 milhões uma solução de 1M de sorbitol, 0,1M EDTA, (pH 5), contendo 50 Unidades (U) da enzima Beta-glucoronidase (Sigma- Aldrich).

4. Depois incubar num banho de água a 37 °C durante 60 min e agitar periodicamente (por vezes monitorizar a perda da parede celular, colocando as células em água destilada e verificando a redução da densidade celular sob o microscópio óptico).

5. Centrifugar os esferoplastos a 8000 rpm durante 10 min e ressuspender o precipitado em 0,5 mi de 50 mM Tris-HCl, 20 mM EDTA (pH 7,4).

6. Depois adicionar 50pl de SDS a 10% e incubar num banho de água a 65°C durante 30 minutos.

7. Após este tempo adicionar 0,2 milhões de acetato de potássio (KAc) 5M (pH 4,8), e ressuspendê-lo durante pelo menos 30 seg. Depois deixá-lo em gelo durante 30 min.

8. Depois centrifugar a 14000 rpm durante 5 min e transferir o sobrenadante para outro tubo.

9. Centrifugar novamente durante 5 min para remover outras impurezas e transferir o sobrenadante para outro tubo.

10. Adicionar 1 mL de isopropanol 100% frio e incubar à temperatura ambiente durante 5 min enquanto agita suavemente o tubo.

11. Centrifugar a 14000 rpm durante 10 min. e descartar o sobrenadante.
12. Adicionar 0,5 mL de etanol frio a 70% e centrifugar a 14000 rpm durante 5 minutos.

13. Descartar o sobrenadante e permitir que o precipitado seque à temperatura ambiente.

14. Finalmente, ressuspender o ADN em 50 pl de TE (Tris-EDTA pH 7,4) ou água destilada. As amostras são mantidas a -20 °C até nova utilização.

Segundo protocolo: procedimento de casa

1. Pegar num copo com 300 mi de água e colocá-lo no fogão ou placa de aquecimento e deixá-lo ferver.

2. Entretanto, macerar, homogeneizando bem numa argamassa 5 g de levedura com a solução de lise (10 mL de água destilada e 1 g de detergente).

3. Adicionar o conteúdo de um tubo falcão de 50 mL e colocá-lo no copo contendo a água a ferver (banho-maria) durante 30 minutos. Misturar o conteúdo do tubo a cada 2 minutos invertendo-o e usar a pinça para o segurar.

4. Depois de decorrido o tempo, retirar o tubo e deixá-lo arrefecer.

5. Em seguida, adicionar 0,5 g de amaciador de carne e misturar suavemente por

imersão.

6. Em seguida, adicionar 0,8 g de sal e misturar suavemente por imersão.

7. Transferir gentilmente todo o conteúdo para um novo tubo de falcão de 50 metros.

8. Finalmente, adicionar lentamente três volumes (três vezes o volume da amostra encontrada no tubo) de etanol ou 96% de álcool frio às paredes do tubo e esperar que o ADN se torne evidente.

Questionário

1. Explicar porque é que o detergente produz lise das células?

2. Que efeito tem a enzima Beta-Glucoronidase sobre o procedimento de extracção de ADN?

3. Qual é a finalidade do sal na extracção de ADN?

4. Como actua o amaciador de carne na cela?

5. O que é o uso de álcool frio a 100% e 70%?

Bibliografia

- Madigan, M., Martinko, J., Parker, Brock J. (2010) Brock, Biologia dos microrganismos. 10ª edição. Prentice Hall.

- Claro, Gonzalo. (2003). Abordagem histórica da biologia molecular através dos seus protagonistas, conceitos e terminologia fundamental. *Panace@*, 4(12), 168-179. Obtido a partir de http://www.medtrad.org/pana.htm.

- Curtís, H. e Barnes, N. Sue. 2000. Biologia. Médico Panamericano Ed. 6ª Edição. Madrid Espanha.

- Dujon, B. (1996). O projecto do genoma da levedura: o que é que nós lemos? *Tendências Genet.* 12: 263-270.

- Osorio, E.; Ramírez, M; López W. e Mambuscay, L (2009) Standardization of a simple protocol for the extraction of genomic DNA from yeasts Revista Colombiana de Biotecnología, vol. XI, núm. 1, julio, 2009, pp. 125-131 Universidad Nacional de Colombia Bogotá, Colombia

- Vásquez J. A., Ramírez C. M. e Monsalve Z. I. 2016. Actualização sobre a caracterização molecular da levedura 129 Rev. Biotecnologia. Vol. XVIII No. 2 129-139

Rastreio *in vitro* da celulase de *Penicillium aurantiogriseum.*

Por: Hugo Mauricio Jimenez M.

Introdução

Os fungos têm um grande potencial para a produção de diversos compostos químicos importantes para a humanidade, quer do ponto de vista médico, agronómico, industrial ou ambiental, a utilização de fungos e/ou dos seus produtos, estão associados a processos tecnológicos de aplicação na Indústria ou na Gestão Ambiental (Jiménez, H., 2020).

Um exemplo do acima referido é a produção de enzimas, que são catalisadores biológicos de elevada eficiência e especificidade ao substrato, atingem uma velocidade de reacção 10^3 e 10^7 vezes mais rápida do que as reacções não catalisadas, como é o caso das celulases, que são hidrolases glicosil, e utilizam dois mecanismos de hidrólise da ligação glicosídica da celulose encontrada principalmente na madeira, detritos vegetais, tais como lixo de folhas e ramos de árvores.

As madeiras são principalmente compostas por três polímeros estruturais, lignina, celulose e hemicelulose. A lignina é resistente à degradação física e química, assim como as fibras de celulose que estão embutidas numa matriz de hemicelulose e lignina, dificultando assim a sua degradação. Os fungos *Phylum Basidiomycota, Ascomycota, Glomeromycota e Neocallimastigomycota* produzem um elevado número e variedade de enzimas extracelulares para a degradação de madeira e detritos vegetais com um elevado teor de lignocelulose.

A celulose é o componente mais abundante que existe na Terra, é produzida por plantas que fazem parte da sua parede celular, a celulose é um dos materiais mais utilizados desde os tempos antigos, e hoje em dia é a fonte de combustíveis orgânicos, compostos químicos, fibras e materiais necessários para cobrir as necessidades humanas, tais como papel, pasta de papel, madeira, etc. Estima-se que cerca de 180 mil milhões de toneladas de celulose são produzidas anualmente pelas plantas, tornando-a uma das mais importantes fontes renováveis de carbono na Terra (Martinez, C., et al, 2008).

A celulose é um polímero linear composto por resíduos de glucose unidos por ligações B (1-4), através dos quais se ligam a moléculas de celobiose, um dissacarídeo composto por dois resíduos de glucose.

Devido à natureza recalcitrante da celulose, certos organismos como bactérias e fungos produzem as enzimas necessárias para a sua utilização (Béguin & Aubert, 1994). Foram identificados dois grupos importantes com capacidades celulolíticas. O primeiro é o grupo anaeróbico,

29

que compreende espécies bacterianas e fúngicas que habitam os esgotos e o rúmen e o tracto intestinal de animais herbívoros e alguns insectos como escaravelhos e térmitas (Cazemier et al., 2003; Warnecke et al., 2007). Exemplos bacterianos pertencentes a este grupo, entre outros, são os géneros *Clostridium* e *Ruminococcus*. Enquanto alguns fungos identificados o são: *Anaeromyces mucronatus, Caecomyces communis, Cyllamyces aberencis, Neocallimcistix frontalis, Orpinomyces sp. e Piromyces* sp. (Doi, 2007; Teunissen & Op den Camp, 1993). O segundo grupo inclui espécies aeróbias de solo, especialmente em florestas, tais como *Cellulomonas* (Elberson et al., 2000) e

Streptomyces (Alani et al., 2008), e fungos da podridão da madeira basidiomyces (Baldrian & Valaskova, 2008; Martinez et al., 2005). A podridão da madeira branca é realizada em 96% dos casos por fungos da família *Polyporaceae,* tais como *Panus, Polyporus, Pycnoporus e Trametes* (Martínez et al., 2005), referências citadas por Martínez, C., et al, 2008.

O conceito de utilizar a celulose como matéria-prima para açúcares que podem ser bioconvertidos em combustíveis através do uso de microrganismos recuperou grande importância nos últimos anos devido aos elevados preços do petróleo (Sun & Cheng, 2002, citado por Martínez, C., et al, 2008).

O principal desafio da indústria e da biotecnologia na produção de biocombustíveis como o bioetanol é a bioconversão da celulose, pelo que as celulases adquiriram grande importância nestes processos (Martínez, C., et al, 2008).

A acção enzimática para a hidrólise da celulose envolve a operação sequencial e a sinergia de um grupo de celulases, que têm diferentes locais de ligação, devido à natureza complexa da molécula de celulose. O sistema típico da celulase inclui três tipos de enzimas: endo-P-l,4-glucanase (Cx) (1,4-P-D-glucanohidrolase E.C.3.2.1.4), exo-P-1,4-glucanase (Cl) (1,4-P-D-glucan celobiohidrolase E.C.3.2.1.91) e P-l,4-glucosidase (cellobiase) (Cb) (P-D-glucoside glycohydrolase E.C.3.2.1.21) (Hahn-Hagerdal & Palmqvist 2000, citado por Chacon, O. & k, Waliszewski, 2005)

Os resíduos agrícolas são ricos em celulose, hemicelulose e lignina; podem ser utilizados como substratos para o cultivo de fungos filamentosos capazes de produzir enzimas extracelulares com actividades celulásicas, com importantes aplicações industriais, tais como a hidrólise de biomassa lignocelulósica para a produção de etanol (Rodríguez, I. e Pifieros, Y. 2007)

O bio-álcool é um combustível de origem vegetal com características semelhantes às dos combustíveis fósseis, o que permite a sua utilização em motores ligeiramente modificados. Além disso, os biocombustíveis não contêm enxofre, que é uma das causas das chuvas ácidas. O bioetanol pode ser fabricado a partir de qualquer matéria-prima orgânica contendo quantidades significativas de açúcares (Ballesteros, M. 2006, citado por Paredes Medina et al, 2010).
As celulases são utilizadas para degradar compostos celulíticos como o bagaço e para obter açúcares fermentáveis como a glucose para obter bioetanol. Estas tecnologias já estão a ser aplicadas na Colômbia.

Objectivos

- Realizar bioensaios *in vitro para* detectar a produção de celulase pelo microfungus *Penicillium aurantiogriseum.*

- Adquirir competências na montagem de bioensaios *in vitro.*

- Desenvolver competências no manuseamento de instrumentos de laboratório

- Potencializar as competências cognitivas científicas.

Materiais, reagentes e equipamento

- Microfungus *Penicillium aurantiogriseum.*
- Erlenmeyer
- Água destilada.
- Meios de Cultura de Batata Dextrose Agar (PDA).
- Meio de cultura para amilolíticos.
-Papel de alumínio.
- Papel.
- Fita adesiva de mascaramento.
- Autoclave.
- Câmara de fluxo laminar.
- Pratos de Petri.
- Cabo microfungi.
- Lugol
- Incubadora.

Metodologia

Preparação de Meios de Cultura de Batata Dextrose Agar (PDA)

O volume do meio de cultura PDA para cada placa de Petri é de 25 mL, pelo que é necessário fazer os respectivos cálculos a partir da garrafa Oxoid Potato Dextrose Agar, pesar o

31

quantidade, adicioná-lo a um Erlenmeyer com o volume necessário de água destilada, cobrir com folha de alumínio e reforçar com papel e fita adesiva, esterilizar na autoclave juntamente com as placas de petri, após a esterilização servir o meio de cultura nas placas de petri na câmara de fluxo laminar.

Preparação de Meios de Cultura de Celulite (MCC)

O volume de Meios de Cultura Celulolítica (CCM) para cada placa de Petri é de 25 mL, pelo que é necessário fazer os respectivos cálculos a partir da composição g/L do CCM: Celulose Microcristalina (Merck) 5 g, NH4NO3 1 g, Solução Salina (NaCl 5%) 10 mL, Ágar - Ágar 20 g, e Água Destilada 1000 mL, pesar a quantidade, adicioná-la a um Erlenmeyer com o volume necessário de água destilada, cobrir com folha de alumínio e reforçar com papel e fita adesiva, esterilizar na autoclave juntamente com as placas de petri, uma vez terminada a esterilização servir o meio de cultura nas placas de petri na câmara de fluxo laminar.

Activação do *Penicillium aurantiogriseum*

De uma estirpe de *Penicillium aurantiogriseum,* semear um fragmento do microfungus no centro de uma placa de Petri com o meio de cultura PDA e deixá-lo à temperatura ambiente durante 7 dias.

Bioensaios de rastreio da celulase.

Do prato PDA Petri com *Penicillium aurantiogriseum* semear um fragmento dele no centro de um prato Petri com o Meio de Cultura Celulolítica (CCM) e deixá-lo à temperatura ambiente durante 7 dias, depois adicionar Vermelho Congo sobre a cultura, após 15 minutos observar e medir com uma régua a auréola amarela à volta da sementeira.

Questionário.

1. Porque é que se vê uma auréola amarela à volta da plantação de microfungos quando se adiciona Vermelho Congo?

2. Porque é que a adição de Vermelho Congo ao meio de cultura celulolítico (MCC) resulta numa coloração avermelhada?

3. Ver outros testes de enzimas.

4. Ver outros microrganismos utilizados para a produção de celulase.
5. Como seria um processo de bioscalagem para a produção de celulases por *Penicillium aurantiogriseuml*

Bibliografia.

- Chacon, O. & k, Waliszewski, 2005. Preparações e aplicações comerciais de celulase em processos extractivos. Universidade e Ciência. Trópicos húmidos. 21 (42) pp 111-120. Disponível em: http://era.ujat.mx/index.php/rera/article/viewFile/337/273. Data de revisão: 26/03/2019.

Referência citada neste artigo:

> Hahn-Hagerdal B, Palmqvist E (2000) Fermentação de hidrolisados lignocelulósicos. II: Inibidores e mecanismos de inibição. Tecnologia de fontes biológicas. 74: 25-33.

- Couturier M, et al. 2011. *Podospora anserina* hemicellulases potenciam a *Trichoderma reesei* secretóme para a sacarificação da biomassa lignocelulósica. Aplicar o ambiente. Microbiol. 77: 237 - 246.

- Jimenez, H.M., 2020. Seminário de Biologia do Cogumelo do Syllabus. Universidade Pedagógica Nacional. Departamento de Biologia. Colômbia.

- J-G, Berrín, Navarro, D., Couturier, M. e L, Meessen, 2012. Exploring the Natural Fungal Biodiversity of Tropical and Températe Forests towards Improvement of Biomass Conversión. Aplicar o ambiente. Microbiol. 78 (18): 6483 - 6490.

- Martínez, C, Balcázar, E., Dantán, E e J L.Folch-Mallo. 2008. Celulases fúngicas: Aspectos biológicos e aplicações na indústria da energia. Revista Latino-Americana de Microbiologia. Vol. 50. N.º 3 e 4. Pp 119 -131. Disponível em http://www.medigraphic.com/pdfs/lamicro/mi-2008/mi08-3_4i.pdf Data de revisão: 26/03/2019.

Referências citadas neste artigo:

- Alani, F., Anderson, W. & Moo-Young, M. 2008. Novo isolado de Streptomyces sp. com celulases termalotolerantes.Biotechnol Lett. 30, 123-126.
Béguin, P. & Aubert, J.-P. 1994. A degradação biológica da celulose. FEMS Microbiol Rev. 13, 25-58
Baldrian, P. & Valaskova, V. 2008. Degradação da celulosidade por fungos basidiomicetos. FEMS Microbiol Rev. Epub aheadof print, doi: 10.111 l/j.1574- 6976.2008.00106.x.
Cazemier, A. E., Yerdoes, J. C., Reubsaet, F. A., Hackstein, J.H., van der Drift, C. & Op den Camp, H. J. 2003. Promi-cromonospora pachnodae sp. nov., membro da flora hindgut(hemi)cellulolytic de larvas do escaravelhoPachnoda marginata. Antonie Van Leeuwenhoek. 83, 135-48.
Doi, R. H. 2007. Celulases de microrganismos mesófilos: produtores de cel-lulosoma e não celulósimos. Doi 0:14190021
Martínez, A. T., Speranza, M., Ruiz-Dueñas, F. J., Ferreira, P.,Camarero, S., Guillén, F., Martínez, M. J., Gutiérrez, A. & delRío, J. C. 2005. Biodegradação da lignocelulósica: aspectos microbianos, químicos e enzimáticos do ataque fúngico da lignina.Int Microbiol. 8, 195-204.
Sun, Y. & Cheng, J. 2002. Hidrólise de materiais lignocelulósicos para a produção de etanol: uma revisão. Bioresour Tech-nol. 83, 1-11 Teunissen, M. J. & Op den Camp, H. J. 1993. Anaerobic fun-gi e as suas enzimas celulolíticas e xilanolíticas. AntonieVan Leeuwenhoek. 63, 63-76.
Wamecke, F., Luginbuhl, P., Ivanova, N., Ghassemian, M.,Richardson, T. H., Stege, J. T., Cayouette, M., McHardy, A.C., Djordjevic, G., Aboushadi, N. et al. 2007. Metagenomicand functional analysis of hindgut microbiota of a wood- feeding higher termite. Natureza. 450, 560-5.

- Paredes Medina, Álvarez Núfiez, e M. Silva Ordofies. 2010. Obtenção de Enzimas Celulase por Fermentação Sólida de Cogumelos para Utilização no Processo de Obtenção de Bioalcool a partir de Resíduos de Bananicultura. Revista Tecnológica ESPOL - RTE, Yol. 23, N. 1, 81-88.

Referência citada neste artigo:

Ballesteros, M. 2006, "Carburantes sin petróleo: Bioetanol", Investigación y ciencia, ISSN 0210-136X, No. 362, 2006. pp. 78-85.

- Rodríguez, I. e Piñeros, Y. 2007. "Produção de complexos enzimáticos celulolíticos através do cultivo em fase sólida de *Trichoderma sp.* em cachos de palma vazios como substrato", Grupo de Utilização de Recursos Agro-alimentares, Programa de Engenharia Alimentar, Universidade Jorge Tadeo Lozano, Bogotá, Colômbia.

Testes de produção de amilase *in vitro* com *Aspergillus fumigatus*

Por: Hugo Mauricio Jimenez M.

Introdução

O amido é um polímero de glucose semi-cristalino que é abundante na natureza e é obtido principalmente de milho, trigo, arroz, e batatas. Se vem de um tubérculo, chama-se geralmente amido (amido de batata); se vem de um cereal, amido. As propriedades do amido variam em função do produto do qual é extraído e da variedade (Castells, P. 2009).

O amido é um carboidrato complexo digerível (polissacarídeo) do grupo glucano. Consiste em cadeias de glucose com uma estrutura linear (amilose) ou ramificada (amilopectina). Constitui a reserva de energia das plantas (Castells, P. 2009).

A amilose é um polímero de glucose que contém 1.000-4.000 unidades deste monómero, e portanto tem um peso molecular de 200.000-800.000 daltons, um valor que varia não só de acordo com a espécie de planta, mas também dentro da mesma espécie e depende do estado de maturação (Hoseney, 1991, citado por Espitia, L., 2009).

Cada unidade de glucose está ligada à seguinte por uma ligação a-1,4 do glicosídeo, o que determina que o grupo redutor de glucose se encontre na posição 1. A longa natureza linear da amilase confere-lhe algumas propriedades únicas, tais como a sua capacidade de formar complexos com iodo, álcoois ou ácidos orgânicos. À temperatura ambiente, a cadeia de moléculas de glucose adopta uma conformação em espiral cujas hélices permitem que uma molécula de iodo seja alojada dentro dela. Quando a amilose é tratada com iodo, o iodo localiza-se nos complexos de amilose a iodo que têm uma cor azul escura (Hoseney, 1991, citado por Espitia, L., 2009).

A amilopectina é um polissacarídeo cujas cadeias principais são traços de glucose ligados a 1-4, como na amilose, e esporadicamente têm ramos a 1-6 localizados a cada 15-25 unidades lineares de glucose. O seu peso molecular é muito elevado (Bailey and Bailey, 1998, citado por Espitia, L., 2009).

O amido é degradado pela acção de duas enzimas, a - amilase e B - amilase.

A <u>enzima</u> a - amilase catalisa a hidrólise aleatória das ligações a-1,4 glicosídeos da região central da cadeia de amilose e amilopectina, excepto para moléculas próximas da ramificação, obtendo maltose e oligossacarídeos de vários tamanhos (Crueger e Crueger, 1993, citado por Espitia, L., 2009).
A enzima *B - amilase ou a - 1,4 glucan - maltohidrolases é uma exoenzima que ataca as ligações a - 1,4 glicosídeos no exterior da cadeia do amido, a 13 - amilase separa as unidades de maltose dos extremos não redutores desta hidrólise alternada de ligações glicosídicas (Pedroza, 1999, citado por Espitia, L., 2009).

As amilases são utilizadas no fabrico de pão, degradando o amido da farinha em açúcares fermentáveis para activação da levedura.

Algumas amilases são utilizadas como detergentes para dissolver amidos em certos processos industriais, tais como a produção de massa.

39

As enzimas amilase, devido à sua capacidade hidrolítica, têm sido muito significativas nas últimas décadas em várias indústrias que viram uma melhor forma de optimizar os seus processos através da aplicação de técnicas biotecnológicas baseadas em enzimas (Durango E., 2008).

Indústrias como a padaria, confeitaria, alimentação, têxtil, cervejaria, papel, açúcar entre muitas outras viram nestas proteínas uma grande oportunidade para o comércio. As amilases ocupam cerca de 25% do mercado das enzimas, substituindo completamente os processos de hidrólise química na indústria do amido, devido à termoestabilidade desta enzima, industrialmente tem feito com que as amilases tenham grande aplicabilidade em vários processos (Durango E., 2008).

A partir do amido e utilização de amilases podem ser obtidos xaropes de composição e propriedades físicas diferentes os xaropes são utilizados numa variedade de alimentos tais como refrigerantes, doces, produtos cozinhados, gelados, molhos, alimentos para bebés, frutas enlatadas e conservas (Durango E., 2008).

De todas as aplicações à escala industrial, a mais eficiente é a produção de xarope de milho de alta frutose (HFCS), o objectivo deste processo é obter um material com um poder adoçante semelhante à sacarose a partir de uma matéria-prima de baixo preço, como o amido de milho (Durango E., 2008).

As fontes produtoras de a-amilases incluem plantas, animais e microrganismos, e são as enzimas microbianas que são mais procuradas em aplicações industriais (Grupta. R., et al, 2003, citado por Espinel, E e E. López, 2009).

Tradicionalmente, a produção de uma -amilases tem sido realizada por processos de fermentação líquida submersa (FLS) devido a um maior controlo de factores ambientais como a temperatura e o pH, contudo, a fermentação em fase sólida (SFS) constitui uma alternativa interessante uma vez que os metabolitos são concentrados e os processos de purificação são menos dispendiosos (Pandey, A. et al, 2000., Soni, S., 2003, citado por Espinel, E e E. López, 2009).

Objectivos

- Realizar bioensaios *in vitro para a* detecção da produção de amilase pelo microfungus *Aspergillus fumigatus.*

- Adquirir competências na montagem de bioensaios *in vitro.*

- Desenvolver competências no manuseamento de instrumentos de laboratório

- Potencializar as competências cognitivas e científicas.

Materiais, reagentes e equipamento

- *Microfungus Aspergillus fumigatus.*
- Erlenmeyer
- Água destilada.
- Meios de Cultura de Batata Dextrose Agar (PDA).
- Meio de cultura para amilolíticos.

-Papel de alumínio.
- Papel.
- Fita adesiva de mascaramento.
- Autoclave.
- Câmara de fluxo laminar.
- Pratos de Petri.
- Cabo microfungi.
- Lugol
- Incubadora.

Metodologia

Preparação de Meios de Cultura de Batata Dextrose Agar (PDA)

O volume de meios de cultura PDA para cada placa de Petri é de 25 mL, pelo que é necessário fazer os respectivos cálculos a partir do frasco de Agar Oxoid Potato Dextrose, pesar a quantidade, adicioná-la a um Erlenmeyer com o volume necessário de água destilada, cobrir com folha de alumínio e reforçar com papel e fita adesiva, esterilizar na autoclave juntamente com
as placas de petri, após esterilização, servem o meio de cultura nas placas de petri na câmara de fluxo laminar.

Preparação de Meios de Cultura para Amilolíticos (MCA)

O volume de meios de cultura para amilolíticos (MCA) para cada placa de petri é de 25 mL, pelo que é necessário fazer os respectivos cálculos a partir da composição g/L do MCA: Amido solúvel 10 g, Na2HP04 3 g, MgSCfl 7H2O 0.1 g, Agar - Agar 20 g, e Água Destilada 1000 mL, pesar a quantidade, adicioná-la a um Erlenmeyer com o volume necessário de água destilada, cobrir com folha de alumínio e reforçar com papel e fita adesiva, esterilizar na autoclave juntamente com as placas de petri, uma vez terminada a esterilização servir o meio de cultura nas placas de petri na câmara de fluxo laminar.

Activação de *Aspergillus fumigatus*

A partir de uma estirpe de *Aspergillus fumigatus,* semear um fragmento do microfungus no centro de uma placa de Petri com o meio de cultura PDA e deixá-lo à temperatura ambiente durante 7 dias.

Bioensaios de rastreio de amilase

Do prato PDA Petri com *Aspergillus fumigatus,* semear um fragmento do mesmo no centro de um prato Petri com o meio de cultura amilolítico (MCA) e deixá-lo à temperatura ambiente durante 7 dias, depois adicionar Lugol à cultura, após 10 minutos observar e medir com uma régua a auréola amarela à volta da sementeira.

Questionário.

1. Porque é que se vê uma auréola amarela à volta da sementeira de microfungos quando se adiciona Lugol?

2. Porque se observa uma coloração roxa quando o Lugol é adicionado ao meio de cultura amilolítico (ACM)?

3. Ver testes de detecção e quantificação de amilases.

4. Ver outros microrganismos utilizados para a produção de amilase.

Bibliografia

- Castells, P. 2009. O Amido. Investigação e Ciência. N.º 396.

- Espinel, E., e E. López, 2009. Purificação e caracterização da a-amilase de *Penicillium commune* produzida por fermentação em fase sólida. Revista Colombiana de Química, vol. 38, no. 2, pp. 191-208 Universidad Nacional de Colombia. Bogotá.

Referências citadas neste artigo:

Gupta, R.; Gigras, H.; Mohapatra, H.; Goswami, V.; Chauhan, B. Microbial a-amylases: uma perspectiva biotecnológica. Bioche-mistério do Processo. 2003: 1599-1616.3.

Pandey, A.; Soccol, C.R. Novos desenvolvimentos na fermentação em estado sólido: Ibioprocessos e produtos. ProcessBiochemistry.2000:1153-1169

Soni, S. K.; Arshdeep, K.; Gupta, J.K. Um sistema de a-amilase bacteriana e glucoamilase fúngica baseado na fermentação em estado sólido e a sua aptidão para a hidrólise do amido de trigo. Bioquímica de processo. 2003:185-192.

- Espitia, L. 2009. Determinação da concentração de alfa e beta amilases comerciais na produção de etanol a partir de cevada utilizando *Saccharomyces cerevisiae*. Trabalho de classificação. Departamento de Microbiologia Industrial. Faculdade de Ciências. Pontifícia Universidade Javeriana.

Referências citadas neste artigo:

Bailey, P.S. e C.A., Bailey. 1998. Química Orgânica: Conceitos e Aplicações. 5ª Edição. Prentice Hall Publishing. México.

Crueger W e A Crueger, 1993. Biotecnologia: Manual de Microbiologia Industrial. Acribia, ed.

Hoseney, R., 1991. Princípios da Ciência e Tecnologia dos Cereais. Edit. Acribia. Saragoça, Espanha.

- Pedroza, 1999. Produção de amilase *termoestável* a partir da tese de mestrado da *Thermus* sp. Departamento de Microbiologia Industrial. Faculdade de Ciências. Pontifícia Universidade Javeriana.

Biodegradação do Petróleo Cru Bioensaios com

Pseudomonas fluorescens.

Por: Hugo Mauricio Jimenez M.

Introdução

Pseudomonas fluorescens foi descoberta por Migula em 1895, são bactérias aeróbicas quimiotróficas, o seu metabolismo é baseado em reacções de redução de óxidos para obter energia. É um bacilo de grama recta (-) das 0,5 - 0,8 pm. Apresenta flagelos polares loofotrópicos. A sua temperatura óptima é de 25 °C a 30 °C, embora haja relatos de 5 °C e 42 °C. Encontra-se principalmente na rizosfera, mas também pode ser encontrado no solo como saprófito e na água (Boresi, M. 2009).

Solubiliza os fosfatos de duas maneiras: primeiro, pela produção de ácidos orgânicos como o ácido cítrico e o ácido oxálico que actuam no pH do solo que solubiliza o fósforo inorgânico e liberta os fosfatos no solo, o outro modo é pela produção de fosfátases que actuam nas ligações ésteres libertando os grupos fosfatos da matéria orgânica do solo (Boresi, M. 2009).

Produzem hormonas estimulantes do crescimento das plantas, tais como auxinas, giberelinas e citoquininas, e também estimulam a germinação das sementes.

Degrada poluentes tais como estireno, TNT e hidrocarbonetos aromáticos policíclicos (López, J. et al. 2006).

P. fluorescens utiliza vários substratos petrolíferos tais como hidrocarbonetos totais (TPH) e bifenilos policlorados (PCB's), hidrocarbonetos aromáticos aerobicamente biodegradados tais como naftaleno e fenantreno (López, J. et al. 2006).

A gestão inadequada de resíduos perigosos gerou um problema mundial de poluição do solo, ar e água. Entre as contaminações mais graves está a extracção e manipulação do petróleo bruto nos países produtores (López, J. et al. 2006).

Na Colômbia, o transporte de petróleo bruto e seus derivados tem sido consideravelmente afectado nos últimos 30 anos pela constante actividade terrorista contra oleodutos e instalações que geraram inúmeras explosões e derrames de petróleo (López, J. et al. 2006).
A contaminação de ambientes com petróleo é considerada de elevada persistência e afecta o equilíbrio dos ecossistemas. A fragilidade destes é tal que a natureza não tem a facilidade de biodegradar o óleo fácil e rapidamente. Um litro de petróleo bruto ocupa uma área de aproximadamente meio campo de futebol no ambiente aquático (Lozano, N. 2005).

A decomposição do petróleo pela via microbiana é um mecanismo rápido e seguro para eliminar a contaminação. É por isso que é importante estudar as formas como os microrganismos assimilam os compostos petrolíferos e como o processo de descontaminação pode ser acelerado. Foram desenvolvidas tecnologias de biorremediação nas quais microorganismos ou plantas actuam para permitir a decomposição de compostos tóxicos (Lozano, N. 2005).

A biorremediação é uma alternativa "amigável" à deterioração progressiva da qualidade do ambiente devido ao constante derrame de crude que contamina o solo, o ar e a água, uma vez que este problema afecta a saúde pública, bem como a extinção da flora e fauna nos ecossistemas colombianos (López, J. et al. 2006).

O petróleo bruto é composto por hidrocarbonetos e pequenas quantidades de enxofre, azoto e oxigénio, o que torna difícil a biodegradação. Os hidrocarbonetos petrolíferos têm de um a 50 ou mais átomos de carbono e têm uma variedade de formas moleculares tais como parafinas, naftalenos e aromáticos (Lozano, N. 2005).

A biodegradação do petróleo bruto pela via microbiana é um mecanismo rápido e seguro para eliminar a contaminação, uma bactéria utilizada para esse fim é a *Pseudomonas fluorescens* que utiliza substratos variados de petróleo como Hidrocarbonetos totais (TPH) e Bifenilo policlorado (PCB's) como fonte de carbono e energia e biodegrada aerobicamente hidrocarbonetos aromáticos como naftaleno e fenantreno, alguns destes hidrocarbonetos como o metano, são constituídos por poucos átomos e são gasosos à temperatura ambiente; outros, como o reitor, são mais pesados e menos voláteis. A baixas temperaturas alguns são gasosos, como o propano, enquanto outros são sólidos, como a parafina e asfaltos (Lozano, N. 2005).

As práticas de biorremediação consistem na utilização de microrganismos tais como bactérias e microfungos, e plantas para neutralizar substâncias tóxicas, transformando-as em substâncias menos tóxicas ou não tóxicas para o ambiente e a saúde humana.

Antes de realizar programas de biorremediação para solos ou corpos de água contaminados com petróleo bruto, é importante primeiro realizar bioensaios de biodegradação do petróleo bruto em
O objectivo é estudar a fisiologia, condições de cultura e crescimento dos microrganismos a serem utilizados.

Objectivos

- Realização de um Bioensaio de Biodegradação de Petróleo Cru em pequena escala utilizando a bactéria *Pseudomonas flúor escens*

- Observar a biodegradação do petróleo bruto a partir de *bactérias Pseudomonas fluorescens*

- Desenvolver competências e capacidades no manuseamento de equipamento e instrumentos de laboratório.

- Potencializar as competências científicas.

Materiais, Equipamentos e Reagentes

- Luvas de nitrilo
- Bata de laboratório
- Base de Pseudomonas Agar de Cultura Selectiva Média (Pratos Petri e tubos de ensaio inclinados).
- Pura cultura de *Pseudomonas fluorescens.*
- Isqueiro com álcool.
- Punho redondo bacteriológico
- Água destilada esterilizada.
- Garrafas de 500 mL.
- Sal Mínimo Médio (MMS).
- Petróleo bruto.

Metodologia

Preparação de meios de cultura para *activação de Pseudomonas fluorescens*

O volume de meios de cultura para cada placa de Petri é de 25 mL, pelo que é necessário fazer os respectivos cálculos a partir da Garrafa Oxoid de Pseudomonas Base de Agar, pesar a quantidade, adicioná-la a um Erlenmeyer com o volume necessário de água destilada, cobrir com folha de alumínio e reforçar com papel e fita adesiva, esterilizar na autoclave juntamente com as placas de Petri, uma vez terminada a esterilização servir os meios de cultura nas placas de Petri na câmara de fluxo laminar.

De uma estirpe de *Pseudomonas fluorescentes* semeia-a por isolamento - técnica de exaustão em placas de Petri com a Base de Pseudomonas Média de Cultura Selectiva (MCSPF) e deixa-a em incubação a 30 °C durante 48 horas.

Preparação do *inóculo de Pseudomonas fluorescens*

Dos pratos Petri com a sementeira por exaustão de *Pseudomonas fluorescens* no meio de cultura (MCSPF) semear novamente (colocar 5 assados) num Erlenmeyer de 100 mL com 30 mL de caldo nutritivo e deixá-lo em incubação a 30 °C durante 48 horas (esta é a inoculação de
Pseudomonas fluorescens).

Bioensaios de Biodegradação do Petróleo Bruto.

Em 4 garrafas de 500 mL, colocar em cada garrafa 285 mL da composição estéril do Meio Mínimo de Sal (MMS) g/L: KH_2PO_4 5 g, NH_4Cl 10 g, Na_2SO_4 20 g, $KNOs$ 20 g, $CaCl_2$ $6H_2O$ 0,01 g, $MgSO_4$ 1g, $FeSO_4$ 0,004g, Água Destilada: 1000 mL.

Adicionar 5 mL de inóculo de *Pseudomonas fluorescens* a cada uma das 3 garrafas. Para o restante frasco, deixá-lo sem inóculo da bactéria, este seria o controlo negativo. A cada frasco adicionar 15 mL de petróleo bruto. Cobrir cada frasco com gaze esterilizada.

Deixar à temperatura ambiente e observar o desbaste da camada de petróleo bruto de 8 em 8 dias, comparar sempre com o controlo negativo.

Questionário

1. Ver o nome científico de 5 outras bactérias utilizadas na Biodegradação do Petróleo Bruto.

2. Nome e descrição de 3 acidentes com petroleiros marinhos em que ocorreram derrames de petróleo bruto.

3. Na Colômbia, explicar as 2 razões pelas quais existem derrames de petróleo bruto no solo e na água.

4. Explicar a diferença entre a biodegradação e a bioremediação do petróleo bruto.
Bibliografia

Boresi, M. 2009. *Pseudomonas fluorescens.*　　　　Microbiologia - Missouri. http://web.mst.edu/microbio/BI0221 -2009/P_fluorescens html

- MPLM, 2016. Manual de Prática Laboratorial de Microbiologia Industrial: Bioensaios de
Biodegradação do Petróleo Cru com Bactérias　　　　Universidade dos Andes. Departamento de Microbiologia. Colômbia.

- Lozano, N. 2005. Biorremediação de ambientes contaminados por petróleo. Tecnogestion, um olhar sobre o ambiente. Vol. II, No. 1. P. 51-55.

- López, J. et al. 2006. Biorremediação de solos contaminados com hidrocarbonetos petrolíferos. NOVA. Vol. 4. No. 5. Páginas 82 - 90.

Por: Silvia R. Gómez D.

Introdução

Os plasmídeos são pequenas moléculas de ADN circulares ou lineares capazes de replicação independentemente do cromossoma central da célula hospedeira, são estáveis, estão no citoplasma, ocorrem em grande número de cópias (polipplasmia) e por um processo chamado conjugação são transmitidas entre células, Ver Figura 2 (Madigan, M., *etal2010*).

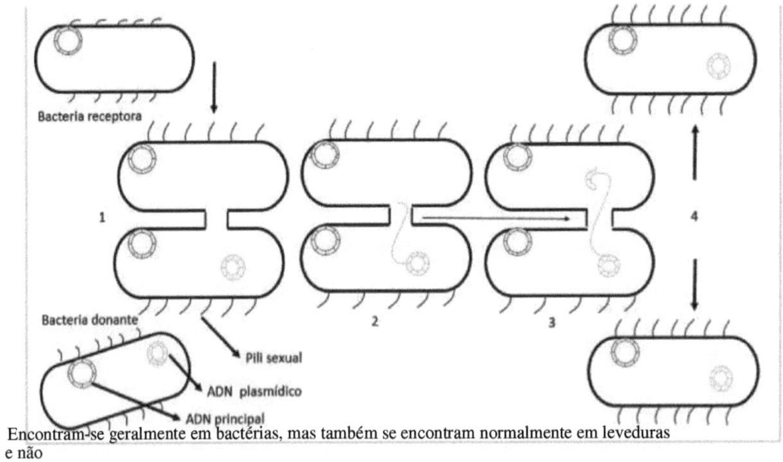

Encontram-se geralmente em bactérias, mas também se encontram normalmente em leveduras e não

1: Formación de puente de conjugación. 2 transferencia de una hebra de ADN plasmídico.
3 Síntesis de la hebra complementaria 4.Las bacterias se separan conteniendo el ADN plasmídico

Figura 2. processo de conjugação

Encontram-se geralmente em bactérias, embora também se encontrem normalmente em leveduras e não são essenciais à célula. Contêm um gene ou genes que lhes conferem vantagens selectivas ou adaptativas quando encontrados num organismo. O Quadro 1 lista diferentes características fornecidas pelos plasmídeos e exemplos de bactérias.

Quimicamente, o ADN plasmídeo é uma dupla hélice com uma curva à direita (dextrogénica) que tem um esqueleto de fosfato e açúcar no exterior e bases nitrogenadas no interior unidas por pontes de hidrogénio (Curtís, H., Bames, N. S. *et al*. 2007).

Os plasmídeos são amplamente utilizados em biologia molecular como vectores para a introdução de genes, que depois de clonados neles podem ser incorporados em diferentes organismos. A nível laboratorial, os plasmídeos são fáceis de isolar, introduzir e manipular numa célula hospedeira devido ao seu pequeno tamanho. Um fenómeno de considerável importância tanto na investigação de plasmídeos como na evolução e ecologia é a incompatibilidade. Quando um plasmídeo é inserido numa célula que contém outro plasmídeo, este último muitas vezes não pode ser mantido por ser perdido durante o processo de replicação celular. Por este motivo, diz-se que são incompatíveis. A incompatibilidade é controlada por genes encontrados nos mesmos e existem muitos grupos incompatíveis (Madigan, M., *et al* 2003).

Quadro 1. Fenótipos obtidos por plasmídeos em bactérias Taken Madigan, M., et al 2010

Tipo de fenótipo	Organização
Produção de antibióticos	*Streptomyces*
Conjugação	*Pseudomonas*
Funções fisiológicas	
Degradação da octanagem, cânfora	*Pseudomonas*
Degradação de herbicidas	*Alcaligenes*
Formação de acetona e butanol	*Clostridium*
Utilização de lactose, ureia e fixação de nitrogénio	Bactérias entéricas
Neculação e fixação simbiótica de azoto	*Rhizobium*
Produção de pigmentos	*Staphylococcus*
Resistência	

Resistência antibiótica	*Staphylococcus*
Resistência ao cádmio, cobalto, mercúrio, níquel e/ou zinco	*Pseudomonas*
Resistência bacteriocina (e produção)	*Bacillus*
Virulência	
Invasão da célula hospedeira	*Salmonella*
Coagulase, hemolysina, enterotoxinas	*Bacillus, Staphylococcus*
Enterotoxinas e K-antigénio	*Escherichia*
Tumorogenicidade nas plantas	*Agrobacterium*

Para isolar o ADN plasmídeo de proteínas, hidratos de carbono, lípidos e RNA, as mesmas etapas são geralmente utilizadas em todos os seres vivos; estas são: a) homogeneização ou concentração da amostra b) lise celular, c) remoção de moléculas contaminantes e d) precipitação de ADN, com algumas variações nos métodos físicos e químicos, dependendo do grau de pureza requerido.

O método mais utilizado de extracção de ADN plasmídeo é a lise alcalina, que tira partido das diferenças de tamanho e grau de torção do ADN plasmídeo em relação ao ADN primário da bactéria. O DNA mestre bacteriano é uma molécula única, circular, grande, que não é super-revestida, enquanto os plasmídeos são moléculas pequenas, em grande número de cópias, e são enrolados ou super-revestidos. Durante o processo de extracção, o objectivo é desnaturar o ADN e depois renaturizá-lo. Uma vez que os plasmídeos são pequenos e super-recuperáveis, são renaturalizados mais rapidamente do que o ADN principal, que durante a renaturalização é aprisionado por complexos proteicos que o tornam pesado e o fazem precipitar (Lodish, H. et al 2002; Sambrook J, e Russell DW, 2001).

Objectivos

- Compreender o protocolo de extracção de DNA plasmídeo.

- Potencializar as capacidades cognitivas, sociais e verbais.

- Desenvolver competências no manuseamento de instrumentos de laboratório
  Materiais

      Estirpe de *Pseudomonas fluorescens*
Solução 1: 50mM de glucose, 10mM EDTA, 25Mm e Tris HCl
pH 8,0. Solução 2: 0,2N NaOH, 1%SDS (recém-preparado)
Solução 3: A 60 milhões de acetato de sódio 3M adicionar 11,5 milhões de ácido acético glacial e 28,5 milhões de água fria.
- Etanol 95% e 70%

Incubadora
Microcentrífuga
Caldo Nutricional com Micropipetas
Suporte de tubos de Eppendorf.
1,5 mL tubos Eppendorf Toalhas de papel
1000 pL Micropipetas Pontas azuis para as Micropipetas
- Gelo

Metodologia

Para a extracção do ADN plasmídeo, é utilizada a técnica de mini-preparação da lise alcalina descrita por Sambrook e Russell (2001):

1.   Inc
ubar as bactérias em meio líquido Luria Brittany de um dia para o outro a 37° C.

2. Tomar 3 milhões da cultura anterior e centrifugar durante 5 minutos às 14000 r.p.m. e descartar o sobrenadante.

3. Ressuspender o sedimento em 100 pl de solução 1 (50mM glucose, 10mM EDTA, 25Mm e Tris HCI pH 8,0) (deve estar frio) e incubar durante 5 minutos à temperatura ambiente.

4. Adicionar 200 pl de solução 2 (0,2N NaOH, 1%SDS) (fria e preparada de fresco. Misturar bem por imersão e incubar durante 5 minutos sobre gelo

5. Adicionar 150 pl de solução 3 (a 60 mi de acetato de sódio 3M é adicionado 11,5 mi

49

ácido acético glacial 28,5 mi de água fria) misturar por imersão e incubar durante 5 minutos sobre gelo.

6. Centrifugação durante 10 minutos, 4 ou C, 14000rpm Transferir cuidadosamente o sobrenadante para outro tubo.

7. Acrescentar 95% de etanol ao sobrenadante e incubar durante 3 minutos à temperatura ambiente.

8. Centrifugar durante 30 minutos e eliminar o sobrenadante. Adicionar 70% de etanol e centrifugar durante 30 minutos, 4 °C, 14000 r.pm.
9. Finalmente o pellet é ressuspenso em 50 pl TE (10 mM Tris HC1 pH 8.0 e 1 mM EDTA pH 8.0), armazenar a -20 °C até à utilização.

Questionário

1. Explicar a função de cada um dos componentes que fazem parte da solução?

2. Que efeito tem a solução 2 sobre o procedimento de extracção de ADN?

3. Qual é a finalidade da solução 3 no procedimento?

4. Explicar porque é que o etanol é adicionado a 100% e 70% a frio?

Bibliografia

- Curtís, H. e Barnes, N. Sue. 2000. Biologia. Médico Panamericano Ed. 6ª Edição. Madrid Espanha.

- Lodish, H., Berk, EL, Zipurssky, S. L., Matsudaira, P., Baltimore, D. Damell, J. (2002). Biologia Celular e Molecular (Quarta Edição). Editorial Médica Panamericana. Madrid, Espanha.

- Madigan, M., Martinko, J., Parker, Brock J. (2010) Brock, Biologia dos microrganismos. 10ª edição. Prentice Hall.

- Sambrook J, e Russell DW, (2001) Molecular Cloning: A laboratory manual, 3ª ed, Coid Spring Harbor Laboratory Press, New York.

Potencial antagónico de *Trichoderma harzianum*

Por: Hugo Mauricio Jimenez M.

Introdução

Devido à elevada utilização de agroquímicos para controlo de pragas e ervas daninhas, o ambiente está a tornar-se bastante poluído, uma vez que estes químicos são compostos xenobióticos, ou seja, sintetizados pelo homem, e a sua degradação no ambiente pode durar até 500 anos.

Por esta razão, é importante conceber outras alternativas como o controlo biológico de fitopatógenos e pragas, pois devido à sua origem biológica não altera o ecossistema, é fácil de gerir e de baixo custo, o que hoje em dia se tornou uma estratégia de controlo eficaz.

O controlo biológico é um método de controlo de pragas, doenças e ervas daninhas, utilizando organismos vivos para controlar as populações de patogénicos vegetais.

O controlo biológico, quando funciona, tem muitas vantagens, entre as quais se destacam

- Poucos ou nenhuns efeitos secundários nocivos para outros organismos, incluindo o homem.
- A resistência das pragas ao controlo biológico é muito rara.
- O controlo biológico é frequentemente a longo prazo e permanente.
- O tratamento inseticida é significativamente eliminado.
- A relação custo/benefício é muito favorável.
- Evita as pragas secundárias.
- Não há problemas de intoxicação.

De um ponto de vista económico, um inimigo natural eficaz (controlador biológico) é aquele que regula a densidade populacional de uma praga e a mantém a níveis inferiores ao limiar económico estabelecido para uma dada cultura.

Embora uma grande diversidade de espécies inimigas naturais tenha sido utilizada num grande número de programas de controlo biológico, as espécies que provaram ser eficazes têm certas características em comum que devem ser consideradas no planeamento e condução de novos programas, tais como

- Adaptabilidade às mudanças nas condições físicas do ambiente
- Alto grau de especificidade para um determinado alvo (praga a ser controlada).
- Elevada capacidade de crescimento populacional em relação ao seu objectivo (praga a ser controlada).
- Sincronização com a fenologia do alvo (praga a ser controlada) e capacidade de sobreviver períodos em que o alvo (praga a ser controlada) está ausente
- Capaz de modificar a sua acção de acordo com a sua própria densidade e a do alvo (praga a ser controlada)

Antes de realizar testes de campo de controlo biológico, os estudos *in vitro* de controladores biológicos com organismos alvo são uma prioridade para analisar o seu efeito antagonista e prever como actuariam quando utilizados.

Os bioensaios *in vitro* permitem-nos observar o efeito benéfico ou antagónico de um factor químico ou biológico sobre o crescimento de um organismo. Estes bioensaios são realizados no laboratório de microbiologia em condições controladas e os resultados são obtidos num curto espaço de tempo.

Trichoderma harzianum tem sido caracterizado como um bom controlador de microfungos fitopatogénicos tais como *Verticillium albo - atrum, Rhizoctonia solani, Sclerotium cepivorum* e *Fusarium oxysporum,* entre outros. É amplamente utilizado na biotecnologia agrícola pelo seu crescimento óptimo na produção em larga escala, e pela sua fácil aplicação no campo.

Trichoderma harzianum é um microfungus do *Filo Ascomycota,* que é um grupo muito diversificado, e que se encontra em ambientes variados como o solo, água salgada, água doce e em todos os climas, apresentam aplicações ecológicas como saprófitas e agentes patogénicos de plantas e animais. Estas microfungi apresentam uma fase sexual conhecida como telomorfo devido à formação de ascósporos e uma fase assexuada conhecida como anamorfo devido à formação de conídios.

Estes microfungos de fase assexuada são fáceis de cultivar *in vitro e* crescem rapidamente em meios de cultura líquidos ou sólidos, razão pela qual são amplamente utilizados na biotecnologia para o seu crescimento óptimo em bioprocessos.

Trichoderma harzianum é caracterizado como um microfungus assexual-fásico devido à formação de um phialid cruciforme e à formação de conídios verdes de erva e o seu crescimento é abundante.

Objectivos

- Realizar testes de antagonismo contra os phytopathogens *Verticillium albo - atrum* e *Sclerotium cepivorum* utilizando o microfungus *Trichoderma harzianum.*

- Adquirir competências na montagem de testes de antagonismo in *vitro.*
- Desenvolver competências no manuseamento de instrumentos de laboratório

- Potencializar as competências científicas.

Materiais, reagentes e equipamento

- Microfungi *Trichoderma harzianum, Verticillium albo - atrum* e *Sclerotium cepivorum*
- Pratos de Petri.
- Cabo microfungi.
- Erlenmeyer
- Meios de Cultura de Batata Dextrose Agar (PDA).
- Água destilada.

- Autoclave.
- Câmara de fluxo laminar.
- Incubadora.

Metodologia

Preparação de Meios de Cultura de Batata Dextrose Agar (PDA)

O volume de meios de cultura PDA para cada placa de Petri é de 25 mL, pelo que é necessário fazer os cálculos a partir do frasco Oxoid Potato Dextrose Agar, pesar a quantidade, adicioná-lo a um Erlenmeyer com o volume necessário de água destilada, cobrir com folha de alumínio e reforçar com papel e fita adesiva, esterilizar na autoclave juntamente com as placas de Petri, uma vez terminada a esterilização servir os meios de cultura nas placas de Petri na câmara de fluxo laminar.

Testes de Antagonismo

1. Em placas de petri com o meio de cultura de batata dextrose ágar (PDA), semear um fragmento de *Trichoderma harzianum* com um cabo de cogumelo e confrontá-lo com o teste microfungi para semear *Verticillium albo - atrum e Sclerotium cepivorum* respectivamente, como mostra a figura 3.

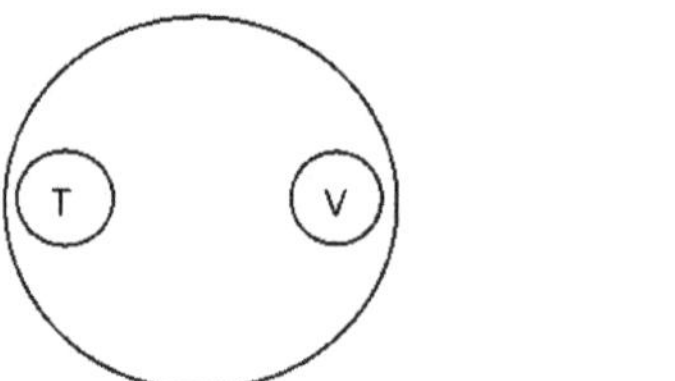

Figura 3. esquema de sementeira, T: *Trichoderma harzianum,* V: *Verticillium albo - atrum,* **S:** *Sclerotium cepivorum.*

2. Deixar incubar a 25 °C durante 9 dias.

3. **Medição do índice micelial** Após a plantação dos microfungos, são feitas medições do crescimento micelial correspondentes a cada teste *in vitro* antagónico de 3 em 3 dias. Para medir o índice micelial utilizámos a equação proposta por Pérez et, retirada de (Bonilla, 2005), **((MB-MA)/MB)*100%),** onde MA é influenciado pelo crescimento micelial e MB é o crescimento micelial livre (Ver Figura 4).

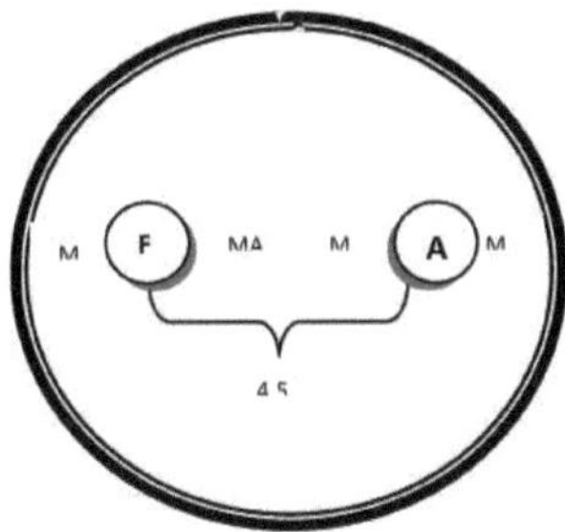

Figura 4. diagrama do teste de proficiência, onde FP é o microfungus fitopatogénico, A é *T. harzianum*. MA é influenciado pelo crescimento, MB é crescimento livre. Extraído de (Bonilla, 2005).

4. Observar as colónias, calcular o índice micelial das colónias da microfungi *Trichoderma harzianum, Verticillium albo - atrum* e *Sclerotium cepivorum*.

5. Vigiar também as estruturas entre as colónias.
6. Concluir o que foi observado.

Questionário

1. Ver outros testes de antagonismo *in vitro* entre microfungos de controlo e microfungos e/ou bactérias fitopatogénicas.

2. Ver testes *in vivo* para o antagonismo entre microfungos de controlo e microfungos e/ou bactérias fitopatogénicas.

3. Ver outras espécies de microfungos utilizados no controlo biológico.

4. Ver espécies de bactérias utilizadas no controlo biológico.

Bibliografia

- Bonilla, A. 2005. Estratégias adaptativas de plantas paramo e da Alta Floresta Andina na Cordilheira Oriental da Colômbia. Bogotá. Universidade Nacional da Colômbia, Faculdade de Ciências.

- Caicedo, V., 2014. Avaliação do efeito antagonista de *Trichoderma harzianum* contra bactérias microfungi e fitopatogénicas do Laboratório de Biotecnologia Cepario - UPN. Trabalho de licenciatura. Dept. Biologia. Universidade Pedagógica Nacional. Colômbia.

- Jimenez, H.M., 2007. Guias de Laboratório de Agromicrobiologia. Universidade de Pamplona. Faculdade de Ciências Básicas. Departamento de Microbiologia. Colômbia.

Cibergrafia

- Controlo Biológico:
https://www.ecured.cu/Control_biologico Data
revista: 14 de Maio de 2019.

Biofertilizantes para a melhoria do crescimento e desenvolvimento da Soja.

Por: Silvia Gómez Daza.

Introdução

As plantas necessitam de nutrientes do ar e do solo para o seu crescimento e desenvolvimento; quanto mais rico for o solo, melhor será o seu crescimento e produzirá maiores rendimentos. Contudo, se apenas um dos nutrientes necessários for escasso, o seu crescimento e produção diminui. Consequentemente, na agricultura, os fertilizantes são utilizados para fornecer às culturas nutrientes para melhorar a produção.

Um fertilizante é uma mistura química, orgânica ou biológica utilizada para enriquecer o solo com nutrientes e promover o crescimento das plantas. Para que um produto seja considerado como um fertilizante, é indispensável que seja solúvel e quimicamente disponível para a planta, uma vez que dos 18 elementos nutricionais considerados essenciais para as plantas, 15 deles são tomados em solução como iões. A forma química em que a planta absorve todos os nutrientes necessários para o seu correcto desenvolvimento é a mesma, independentemente da sua origem.

Os fertilizantes químicos são produtos inorgânicos obtidos através de processos químicos, elaborados em laboratórios ou fábricas, e não são muito amigos do ambiente; os fertilizantes orgânicos são aqueles produzidos a partir da decomposição dos restos de materiais vegetais e animais mortos, e os biológicos ou biofertilizantes são produtos à base de microrganismos benéficos no solo, especialmente bactérias e/ou fungos, que podem viver em associação ou em simbiose com as plantas e naturalmente ajudar à sua nutrição e crescimento, além de serem melhoradores do solo.

Dentro dos biofertilizantes existem diferentes tipos: os que produzem factores de crescimento, colectores de fósforo e solubilizantes, e fixadores de azoto. Os microrganismos que promovem o desenvolvimento vegetativo são aqueles que durante a sua actividade metabólica produzem e libertam substâncias reguladoras do crescimento (auxinas, citocininas e etileno) para a planta, sendo exemplos *Trichoderma harzianum, Enterobacter aerogenes, Azotobacter sp e Bacillus mycoides* (González, H. e Fuentes, N. 2017).

Os colectores de fósforo têm a capacidade de aumentar a área de captura e absorção de nutrientes principalmente fósforo através das raízes das plantas (mycorrhiza). As micorrizas são associações simbióticas ou mutualistas de raízes vegetais e fúngicas que permitem o aumento da taxa de absorção de Fósforo (P) e outros nutrientes tais como o Azoto (N), Ferro (Fe) e Cobre (Cu). Existem dois tipos de micorrizas: ectomicorrizas e endomicorrizas. Na ectomicorrizae, as células do fungo formam um grande

56

de tamanho, com uma ligeira penetração de hifas no tecido radicular e endomicorriza são encontradas principalmente em árvores que formam florestas, especialmente coníferas, faias e carvalhos, e são mais desenvolvidas em florestas boreais e temperadas (Madigan, et al., 2010).

Os organismos envolvidos em transformações de fósforo (solubilizantes de fósforo) no solo incluem bactérias, fungos, cromistas, protozoários e alguns nematódeos. Em geral, os microrganismos do solo energizam o ciclo P através de processos de mineralização, imobilização e solubilização, que estão relacionados com o seu metabolismo nutricional. Os mecanismos utilizados são: a produção de ácidos orgânicos, a produção de prótons (normalmente associados à assimilação de NH4+ e/ou processos respiratórios), e a produção de ácidos inorgânicos e C02- Dentro dos géneros de microrganismos utilizados para solubilização são: *Pseudomonas putida, Micrococcus, Bacillus subtilis, Aspergillus niger,* entre outros (Patiño C. e Sanclemente O. 2014).

Os microrganismos fixadores de azoto (N) têm a capacidade de transformar o azoto atmosférico em amónio e, assim, ser capazes de o fornecer às culturas. Este processo ocorre através da simbiose entre plantas e bactérias. Uma das interacções mais interessantes e importantes é que entre bactérias do género *Rhizobium e Bradyrhizobium* e leguminosas (soja, feijão, trevo, ervilhas de alfafa, etc.). As bactérias induzem a formação de nódulos nas raízes dentro das quais o processo de fixação de N ocorre. Em condições normais, se a planta ou as bactérias estão sozinhas o processo não ocorre, é necessária a associação das mesmas. A planta fornece a fonte de energia orgânica necessária à bactéria do nódulo radicular e a bactéria fornece o azoto fixo para o desenvolvimento da planta. Assim, as plantas com nódulos nas suas raízes podem crescer em ambientes pobres em azoto, onde outras não conseguem acreditar. No campo, *o Rhizobium* é capaz de fixar N apenas sob condições controladas de microaerofilia de oxigénio, dentro do nódulo as quantidades deste composto são controladas pela leghemoglobina que serve de "tampão de oxigénio" ligando-se a ela; a formação desta proteína é induzida pela interacção simbiótica destes dois organismos (Madigan, et al, 2010).

Em simbiose, a planta tem a informação genética para a infecção simbiótica e nodulação; o papel da bactéria é desencadear o processo. As fases de infecção e desenvolvimento de nódulos incluem: a) atracção quimioterápica das bactérias para a planta, b) fixação bacteriana aos pêlos radiculares, c) invasão dos pêlos radiculares pela formação de uma cadeia bacteriana, d) desenvolvimento bacteriano em células radiculares, e) formação de bacteróides dentro das células da planta e desenvolvimento do estado de fixação de azoto, e f) divisão celular contínua da planta e das bactérias, bem como a formação da raiz madura (Madigan, et al., 2010).

Para além da relação legumino-rizóbia, ocorre uma simbiose fixadora de azoto entre plantas não leguminosas e outros microrganismos. A samambaia (*Azolla*) tem o característica de estar associado a cianobactérias em corpos de água, especialmente Anabaena *(Anabaena azollae)* e assim fixar o azoto atmosférico. Estas cianobactérias tem a capacidade de fixar o azoto atmosférico, atingindo 1200 kg de azoto fixo por hectare por ano em condições óptimas de temperatura, solo e composição química do solo e da água. Por esta razão, considera-se que *a Azolla-Anabaena* pode ser uma fonte natural muito importante de azoto na agricultura e tem sido utilizada em culturas de arroz e milho (Montaño M. 2005 e Aldás J., et al 2016).

Objectivos

- Analisar os efeitos que os fertilizantes têm sobre o desenvolvimento da soja.

- Potencializar as competências cognitivas e científicas.

- Compreender a importância dos biofertilizantes.

- Desenvolver competências processuais.

Materiais

- Soja (3-5 por tratamento)
- Algodão
- Água
- Quatro recipientes com terra, um para cada tratamento.
    Tratamento 1: controlo (apenas água)
    Tratamento 2: fertilizante químico
    Tratamento 3: fertilizante biológico   :   biofertilizante   *(Rizobiol*
    https://repository.agrosavia.co/handle/20.500.12324/20746)
    Tratamento 4: fertilizante orgânico (mistura de cascas de ovos, grãos de café e
    estrume de galinha)

Metodologia

1. Tomar 3-5 sementes por tratamento.

2. Dependendo do tratamento, realizar o seguinte procedimento:

   2.1 Para o primeiro tratamento só se acrescenta água quando se encontra o solo

   quase seco.

   2.2 Para o segundo tratamento, que é um fertilizante químico, adicioná-lo quando

   a planta
       ter 4 folhas verdadeiras e adicionar água quando se encontra o solo quase
       seco.

   2.3 Para o terceiro tratamento que é com o biofertilizante (Rhizobiol) que é
       em forma líquida à base de bactérias fixadoras de azoto simbióticas
       específicas do cultivo da soja, fazer o seguinte: colocar o conteúdo
       do biofertilizante num recipiente limpo e adicionar a semente,
       depois misturar até que toda a semente esteja bem coberta com o
       produto. Depois deixá-lo secar à sombra. Finalmente, semear a
       semente imediatamente no solo.

   2.4 Para o quarto tratamento, que é um fertilizante orgânico, adicioná-lo quando a
   planta
       ter 2 folhas verdadeiras e adicionar água quando se encontra o solo quase
       seco.

NOTA: Para os tratamentos 1, 2 e 4, primeiro colocar a semente para germinar em algodão humedecido e depois semeá-la no solo.

3. Acompanhar cada tratamento todas as semanas durante dois meses e meio; fazer o relatório que inclui a seguinte tabela para cada tratamento:

Tratamento (tto)	Semana			
Aspecto a observar e descrever	Número de folhas	Descrição do caule	Cor das folhas	Tamanho e espessura do caule.
Sementes com água (tto 1)				
Sementes com fertilizante químico (tto 2)				
Sementes com biofertilizante: *Rhizobiol* (tto -•3)				
Sementes com fertilizante orgânico (tto -4)				

Questionário

1. Escreva em dois parágrafos as conclusões a que se pode chegar com os resultados obtidos.

2. Compare os seus resultados com os dos seus colegas e, em dois parágrafos, comente sobre as conclusões que pode tirar e explique porquê.

3. Fazer um mapa conceptual com o tema dos fertilizantes.

4. Explicar a importância da utilização de biofertilizantes.

Bibliografia

- González, EL; Fuentes, N. (2017). Mecanismo de acção de cinco microrganismos promotores de crescimento de plantasRev.Cieñe. Agr. 34(1): 17-31. doi: http://dx.d0i. org/10,22267/rcia. 173401.60.

- Madigan,   M.,Martinko,J.,   Parker,BrockJ. (2010) Brock, Biologia microorganismos. 10 edição. Prentice Hall.

- Montaño M. (2005) Estudo da aplicação da *Azolla Anabaena* como biofertilizante no cultivo do arroz na costa equatoriana. Rev. Tecnol.18(l): 147-51

- Aldás J., Z. J., Cruz E., Villacís L, Pomboza P., León O. (2016) Efeito Biofertilizante Azolla - Anabaena no milho *(Zea mays* L.) Efeito Fertilizante Azolla - Anabaena no milho (Zea mays L.) *JSelva Andina Biosph.* 4 (2): 109-115.

- Patiño, C., e Sanclemente, O. (2014). *Microrganismos solubilizantes de fósforo (MSF): uma alternativa biotecnológica para uma agricultura sustentável.* Revista: Entramado. Yol. N°2.UniversidadLibredeColombia   .   Recuperado de   : http://www.redalyc.org/pdf/2654/265433711018.pdf

- *Rizobiol https://repository.agrosavia.co/handle/20.500.12324/20746*

Buy your books fast and straightforward online - at one of world's fastest growing online book stores! Environmentally sound due to Print-on-Demand technologies.

Buy your books online at
www.morebooks.shop

Compre os seus livros mais rápido e diretamente na internet, em uma das livrarias on-line com o maior crescimento no mundo! Produção que protege o meio ambiente através das tecnologias de impressão sob demanda.

Compre os seus livros on-line em
www.morebooks.shop

KS OmniScriptum Publishing
Brivibas gatve 197
LV-1039 Riga, Latvia
Telefax: +371 686 204 55

info@omniscriptum.com
www.omniscriptum.com

Printed by Books on Demand GmbH, Norderstedt / Germany